"十二五"职业教育国家规划教材

经全国职业教育教材审定委员会审定

园林计算机辅助设计

YUANLIN JISUANJI

FUZHU SHEJI

第二版

于承鹤　主编

U0300887

化学工业出版社

·北京·

本书以工作任务模式，将AutoCAD、SkethUP、3DS MAX、Photoshop等常用园林制图设计软件的基本知识，与实际应用技巧贯穿到一个实际工程案例中，突出了计算机辅助设计技术和园林设计的有机结合，以培养能力为目的，以必需、够用为度，对于各软件只取其对园林制图有用的部分，希望通过简单实例的制作，让学生能在较短时间内，了解和掌握进行园林计算机辅助设计的工作程序。书中配有二维码视频，内含示范教学录像，使教学更为直观、便捷。

本书适合作为高等、中等职业技术院校的园林专业教学用书，以及相关院校或培训班的培训教材和教学参考材料。

图书在版编目（CIP）数据

园林计算机辅助设计／于承鹤主编 . —2版 . —北京：化学工业出版社，2017.2
"十二五"职业教育国家规划教材
ISBN 978-7-122-28806-6

Ⅰ. ①园… Ⅱ. ①于… Ⅲ. ①园林设计-计算机辅助设计-高等职业教育-教材 Ⅳ. ① TU986.2-39

中国版本图书馆CIP数据核字（2016）第321399号

责任编辑：李植峰 迟 蕾 张绪瑞　　　　装帧设计：史利平
责任校对：宋 夏

出版发行：化学工业出版社（北京市东城区青年湖南街13号 邮政编码100011）
印 装：北京彩云龙印刷有限公司
787mm×1092mm 1/16 印张16¾ 字数469千字 2017年9月北京第2版第1次印刷

购书咨询：010-64518888（传真：010-64519686）　　售后服务：010-64518899
网 址：http://www.cip.com.cn
凡购买本书，如有缺损质量问题，本社销售中心负责调换。

定 价：54.00元

《园林计算机辅助设计》(第二版)编写人员

主　编　于承鹤

副 主 编　于承琦　周　宇　刘　理　王素芬

参编人员（按姓名汉语拼音排列）

李　静（岳阳职业技术学院）

刘　理（济宁澳昱装饰工程有限公司）

刘　剑（宜宾职业技术学院）

刘晓欣（辽宁科技学院）

孟　洁（咸宁职业技术学院）

阮　煜（杨凌职业技术学院）

王素芬（济宁市高级职业学校）

易　弦（广东农工商职业技术学院）

于承鹤（济宁市高级职业学校）

于承琦（济宁华园建筑设计院）

周　宇（武汉软件工程职业学院）

前言
PREFACE

　　随着计算机硬件技术飞速发展和计算机辅助设计软件功能的不断完善，计算机辅助设计以精度高、效率高，设计资料交流、存储、修改方便，效果精美、逼真，可实现网络协同工作等强大优势，迅速取代了绘图笔和画板。计算机辅助设计已经成为许多设计工作者的主要工作方式。

　　针对职业院校学生的心理特点和学习特点，我们组织高职高专院校的一线教师、建筑设计院设计师、项目经理共同编写了本教材。教材的编写采用工作任务模式，设计为六个项目、八个实训练习。通过一个完整的实际园林设计项目工程，详细介绍了AutoCAD、SkethUP、3DS MAX、Photoshop等常用制图设计软件的基本知识与实际应用技巧，以及软件间的文件传递方法，本教材突出了计算机辅助设计技术和园林设计的有机结合，以培养能力为目的，以必需、够用为度，对于各软件只取其对园林制图有用的部分，希望通过简单实例的制作，让学生能在较短时间内了解和掌握进行园林计算机辅助设计的工作程序。教材内容从简单实例出发，图文并茂，以提高学生的兴趣和求知欲，使学生通过本课程的学习，掌握相关辅助设计绘图软件的使用，逐步达到能够独立运用园林设计的基本理论、基本知识、基本技能，借助计算机表达自己的设计意图，并能自觉激发对园林学的自学欲望，获得独立分析现状、设计构思、综合应用各种园林设计手段的能力。书中配有二维码视频，内含实训练习部分教学录像，使教学更为直观、便捷。

　　本书适合作为高等、中等职业技术院校的园林专业教学用书，以及相关院校或培训班的培训教材和教学参考材料。

　　由于时间仓促，加之编者水平有限，不当之处在所难免，敬请广大读者批评指正。

编　者

2017 年 3 月

目 录
CONTENTS

目 录
CONTENTS

目 录
CONTENTS

项目一 认识园林辅助设计

案例导航

　　学校举办了一场校园招聘会，多家园林绿化公司来校招聘，园林专业全体学生参加了招聘会。各家公司分别介绍了该公司的基本情况和组织架构，并公布了招聘岗位以及各岗位的职位要求。会后聘请专业设计师向园林专业学生详细介绍了园林设计人员的一般工作流程。

企业简介

××××园林景观设计建设（集团）有限公司成立1997年，注册资金2000万元，是西部知名景观企业。公司拥有园林景观规划设计甲级资质、城市园林绿化企业一级资质、建筑设计乙级资质。

十余年来，公司完成了城市景观设计建设项目40余个，如"朝天门广场"、"珊 瑚公园"、"重庆·花漾四季"、"武隆·花漾的山谷"、"丰 都·澜天湖"等。现因拓展业务需要，诚聘有志者加盟。

招聘岗位

土建施工员： 本科以上学历，建筑相关专业。
绿化施工员： 本科以上学历，园林景观相关专业。
水电施工员： 中专以上学历，建筑电气相关专业。
植物采购员： 中专以上学历，园林景观相关专业。
材料采购员： 中专以上学历，建筑相关专业。
预算员： 本科以上学历，工程造价相关专业。
资料员： 本科以上学历，工程造价相关专业。
库管员： 要求能够吃苦耐劳，会使用电脑。
安全员： 大专学历以上，持安全员证。

×××× 诚聘

设计师
要求：本科、硕士、博士、建筑、园林、水电类专业。做事认真踏实，具有很强的创造力、思维活跃，具有独特创意。美术、手绘功底突出。懂CAD、广厦、PKPM等软件等软件操作、肯吃苦耐劳、良好的沟通能力和良好的团队合作精神，具有很强的学习能力。

园林工程师
要求：本科、园林、土建类专业。懂CAD、office,等软件操作、热爱园林建筑行业、肯吃苦耐劳、良好的沟通能力和良好的团队合作精神，具有很强的学习能力。

苗圃技术员
要求：本科、园林专业。能吃苦、责任心强、肯在相对偏僻的环境下工作、肯钻研、适应生活、良好的沟通能力和良好的团队合作精神、热爱园林行业。

项目助理
要求：本科、专科、园林、土建类专业。懂CAD、office,等软件操作。

作、肯吃苦耐劳、良好的沟通能力和良好的团队合作精神、具有很强的学习能力、热爱园林建筑行业。

预结算员
要求：本科、园林、土建类专业。懂CAD、office,等软件操作、肯吃苦耐劳、良好的沟通能力和良好的团队合作精神、具有很强的学习能力、热爱园林建筑行业。

财 务
要求成本科以上学历，财务管理、会计类专业、熟练使用Office、较强的沟通协调能力，良好的团队合作精神、较强的学习能力、肯吃苦耐劳，责任心强。

研究院助理
要求：本科、硕士、博士、园林植物/观赏设计材料化学/高分子材料/森林保护植物保护/园林/园艺/植物/生态/设计/环境科学等专业：肯吃苦耐劳、具有良好的沟通能力、团队合作精神、很强的学习研究能力、热爱园林行业。

以上拟校工作地点：北京、山东、安徽、江苏、上海、浙江、广东、广西、福建、四川、两湖、海南

工作任务列表

认识园林辅助设计

任务一　说一说　园林设计师的岗位职责
任务二　学一学　园林设计师的工作流程
任务三　做一做　组建自己的模拟园林公司

任务一　说一说　园林设计师的岗位职责

任务清单 学生以组为单位，通过招聘会、向专业人士咨询或网络搜索，了解园林设计师的岗位职责。
1.了解：园林行业有哪些工作岗位？
2.收集：园林设计师应具备哪些素质和能力？
3.思考：辅助设计软件在园林设计工作中的作用。

知识链接

园林设计师职位要求

一个园林的建设，需要园林设计师付出巨大的脑力和精力，园林设计师的工作十分重要，因为其中需要考虑到多方面的因素。作为一名园林设计师，必须具备的能力和素质要求非常高。

硬性要求：

① 具备园林设计相关专业知识，如园艺设计学、林业学、建筑学、数据处理等方面的知识；

② 熟练操作AutoCAD、3DS MAX、Photoshop等软件，能独立完成中小型景观设计方案及施工图设计；

③ 熟悉园林、绿化、景观设计等专业施工图纸及验收标准及规范；对工程价格体系及工地现场有一定的了解；

④ 熟悉各类树木、花草、苗圃、景观小品用材等相关材质标准及相关专业规范要求。

素质要求：

① 现场协调能力

园林设计师需要和多个部门以及施工人员进行有关专业上的沟通，在发生冲突时需要进行现场协调，所以，园林设计师必须具备良好的协调能力。

② 责任心

和建筑设计一样，园林设计也包含建筑的一部分，其中也涉及安全知识，所以，想要成为一名合格称职的园林设计师，必须要有高度的责任感。

③ 细心

园林设计涉及建筑学、数据学的知识，在设计时需要考虑到各方面的数据统计和测量，所以，细心也是必须要有的。同时还要具备敏锐的洞察力、精准的眼光。

课堂练习

学生思考自己的职业生涯发展方向，列出自己应具备的素质和能力以及应掌握的园林辅助设计技能。

任务二　学一学　园林设计师的工作流程

任务清单
聘请园林公司专业人士进入课堂，向学生讲解园林设计师的一般工作流程。
1.了解：园林设计师的一般工作流程。
2.收集：园林设计师在设计前应掌握的信息。
3.思考：辅助设计软件在园林设计工作中的应用。

知识链接

园林设计师的一般工作流程

1.客户联系：客户有对自家庭院进行景观设计及建设的需求，首先与公司相关部门取得联系，填写私家庭院景观建设计划单。

2.实地勘测：根据客户填写的庭院景观建设计划单，设计人员到现场进行实地测量，认真分析主体建筑与周边环境的关系。

3.相互沟通：为建设健康、舒适的庭院景观，设计师与客户需进行必要的沟通，了解客户的喜好、意向及更深层次的需求。设计师适当地给予客户正确的引导。

4.提出设计构思：根据现场测量及相互沟通结果，结合庭院景观建设预算等因素，设计师提出总体设计构思，并提供初步设计方案。

5.完善设计方案：在初步方案的基础上，设计师与客户对设计方案进行进一步的交流与推敲，完善设计方案意向并签订设计合同。

6.方案与施工图：就客户认可的设计方案，为客户提供详细的施工图纸。

7.客户确认：客户就完善的设计图及施工图签字确认，支付剩余的设计款。

课堂练习

学生通过网络或咨询专家，收集详细的设计师工作流程相关资料，思考园林辅助设计软件的应用。

任务三　做一做　组建自己的模拟园林公司

任务清单
聘请园林公司专业人士进入课堂，向学生讲解园林公司的组织架构以及各部门的岗位职责。
1.了解：注册园林公司的流程以及园林绿化公司的基本组织架构图。
2.收集：园林公司各工作岗位的职责分工的信息。
3.思考：创办园林绿化公司需要具备哪些技术和能力？

园林绿化工程公司的基本组织架构

　　企业组织结构是企业管理的基础，完善的组织结构可以优化企业资源配置，提高企业生产效率，成为项目制造型企业快速发展的重要前提。

　　组织架构类型分为有限公司制、子公司制、连锁制、事业部制、分公司制。

　　各园林公司由于企业形式不同、业务范围不同、企业理念不同，组织架构也会不同。如下图为某园林公司的组织架构图。

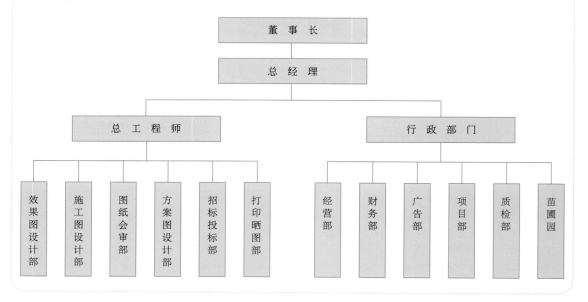

　　学生以小组为单位组建自己的模拟园林公司，并画出组织架构图，列出各部门的岗位职责。

 承接园林绿化设计任务

某园林设计公司接到某单位办公楼前庭院绿化工程设计任务，经过现场勘查，手绘施工现场草图（见图2-1）。

主体建筑完成，无硬化路面，功能区与园林区须具体规划。

甲方要求走古典与现代相结合的园林风格，要求清新自然、简洁流畅。

设计人员经过推敲，设计出初步方案，绘出草图（见图2-2），请甲方审核，经过多次修改，最终敲定方案，并手绘制布局景观的设计草图。

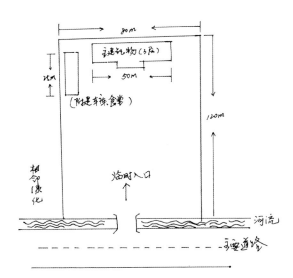

图2-1 手绘施工现场草图

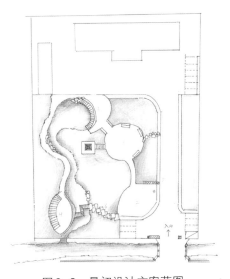

图2-2 最初设计方案草图

 知识链接

承接庭院绿化设计任务的步骤

步骤1：接受设计任务、基地实地踏勘，同时收集有关资料。

作为一个设计项目的业主（俗称"甲方"）会邀请一家或几家设计单位进行方案设计。

作为设计方（俗称"乙方"）在与业主初步接触时，要了解整个项目的概况，包括建设规模、投资规模、可持续发展等方面，特别要了解业主对这个项目的总体框架方向和基本实施内容。总体框架方向确定了这个项目是一个什么性质的绿地，基本实施内容确定了绿地的服务对象。这两点把握住了，规划总原则就可以正确制订了。

另外，业主会选派熟悉基地情况的人员，陪同总体规划师至基地现场踏勘，收集规划设计前必须掌握的原始资料。

这些资料包括：① 所处地区的气候条件，气温、光照、季风风向、水文、地质土壤（酸碱性、地下水位）；② 周围环境，主要道路，车流人流方向；③ 基地内环境，湖泊、河流、水渠分布状况，各处地形标高、走向等。

总体规划师结合业主提供的基地现状图（又称"红线图"），对基地进行总体了解，对较大的影响因素做到心中有底，今后作总体构思时，针对不利因素加以克服和避让；有利因素充分地合理利用。此外，还要在总体和一些特殊的基地地块内进行摄影，将实地现状的情况带回去，以便加深对基地的感性认识。

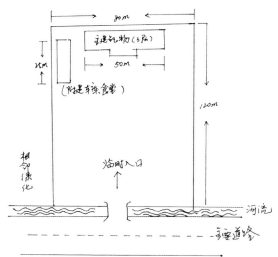

步骤2：初步的总体构思及修改。

基地现场收集资料后，就必须立即进行整理、归纳，以防遗忘那些较细小的却有较大影响因素的环节。

在着手进行总体规划构思之前，必须认真阅读业主提供的"设计任务书"（或"设计招标书"）。在设计任务书中详细列出了业主对建设项目的各方面要求：总体定位性质、内容、投资规模，技术经济相符控制及设计周期等。在这里，还要提醒初学人员一句话：要特别重视对设计任务书的阅读和理解，一遍不够，多看几遍，充分理解，"吃透"设计任务书最基本的"精髓"。

在进行总体规划构思时，要将业主提出的项目总体定位作一个构想，并与抽象的文化内涵以及深层的警世寓意相结合，同时必须考虑将设计任务书中的规划内容融合到有形的规划构图中去。

构思草图只是一个初步的规划轮廓，接下去要将草图结合收集到的原始资料进行补充、修改。逐步明确总图中的入口、广场、道路、湖面、绿地、建筑小品、管理用房等各元素的具体位置。经过这次修改，会使整个规划在功能上趋于合理，在构图形式上符合园林景观设计的基本原则：美观、舒适（视觉上）。

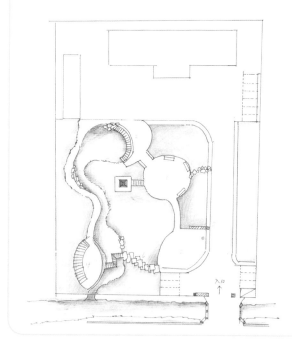

步骤3：方案的第二次修改，文本的制作包装。

经过了初次修改后的规划构思，还不是一个完全成熟的方案。设计人员此时应该虚心好学、集思广益，多渠道、多层次、多次数地听取各方面的建议。多请教别人的设计经验，与之交流、沟通，更能提高整个方案的新意与活力。

由于大多数规划方案，甲方在时间要求上往往比较紧迫，因此设计人员特别要注意两个问题：

第一，只顾进度，一味求快，最后导致设计内容简单枯燥、无新意，甚至完全搬抄其他方案，图面质量粗糙，不符合设计任务书要求。

第二，过多地更改设计方案构思，花过多时间、精力去追求图面的精美包装，而忽视对规划方案本身质量的重视。这里所说的方案质量是指：规划原则是否正确，立意是否具有新意，构图是否合理、简洁、美观，是否具有可操作性等。

整个方案全都定下来后，图文的包装必不可少。现在，它正越来越受到业主与设计单位的重视。

最后，将规划方案的说明、投资框（估）算、水电设计的一些主要节点，汇编成文字部分；将规划平面图、功能分区图、绿化种植图、小品设计图、全景透视图、局部景点透视图，汇编成图纸部分。文字部分与图纸部分的结合，就形成一套完整的规划方案文本。

亭子的最初设计

中心广场局部图及修改后的亭子造型

亲水平台局部图

亲水平台处巨石景观局部图

木制走廊及木桥局部图

木制走廊局部图

景观墙局部图

石板路局部图

效果图

步骤4：业主的信息反馈。

业主拿到方案文本后，一般会在较短时间内给予一个答复。答复中会提出一些调整意见：包括修改、添删项目内容，投资规模的增减，用地范围的变动等。针对这些反馈信息，设计人员要在短时间内对方案进行调整、修改和补充。

方案调整之后送方案设计评审会评审，评审通过之后就进入施工图的设计、编制预算阶段。

业主拿到施工设计图纸后，会联系监理方、施工方对施工图进行看图和读图。之后，由业主牵头，组织设计方、监理方、施工方进行施工图设计交底会。在之后的施工建设过程中，设计师还应配合施工队开始施工。

课堂练习

学生通过咨询园林设计师或网络收集资料，了解园林设计实际工作中常遇到的问题和解决办法。

项目三　AutoCAD设计基础轮廓平面图

工作任务列表

AutoCAD设计基础轮廓平面图

任务一　绘制施工范围外轮廓

任务二　绘制主建筑物

任务三　绘制附属建筑物

任务四　绘制大门入口东侧草坪及人行道

任务五　绘制西侧人行道

任务六　绘制大门入口处小广场

任务七　绘制中心广场

任务八　绘制中心广场通往大门入口处小广场的小路

任务九　绘制人工湖

任务十　绘制亲水平台

任务十一　将AutoCAD绘制的平面图导入到3DS MAX

任务一 绘制施工范围外轮廓（外轮廓尺寸为：80m宽、120m长的矩形）

① 选择绘图→多段线。

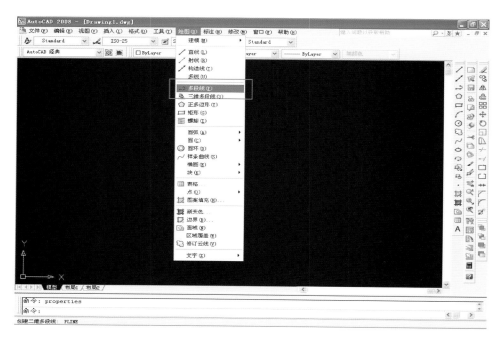

② 任意指定起点。

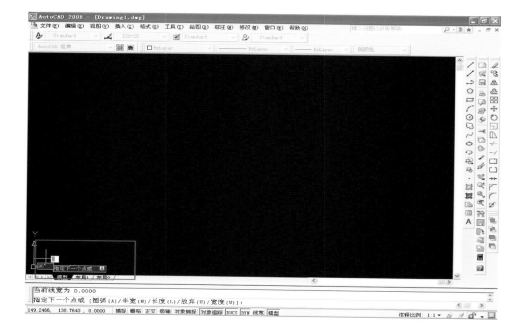

③ 输入 @80000 < 0，回车确定。

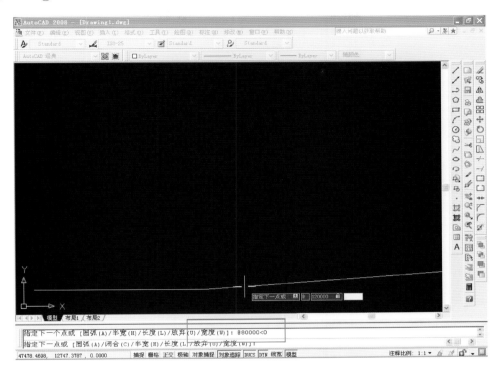

④ 输入 @120000 < 90，回车确定。

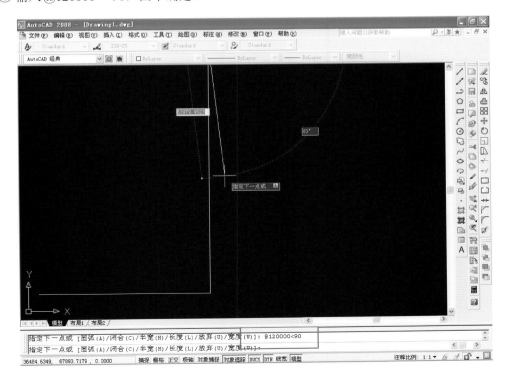

⑤ 输入 @80000 < 180，回车确定。

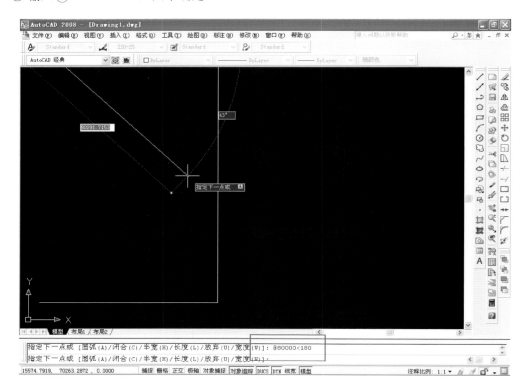

⑥ 输入C，回车确定。

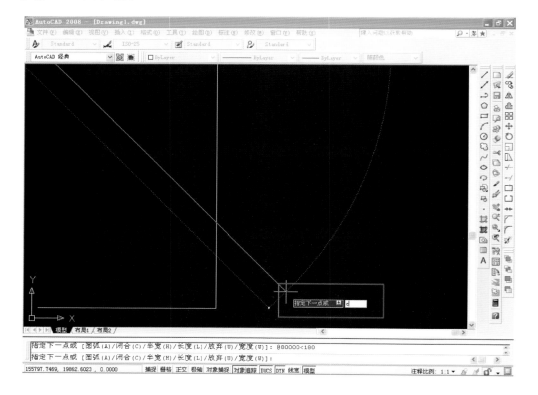

⑦ 完成。

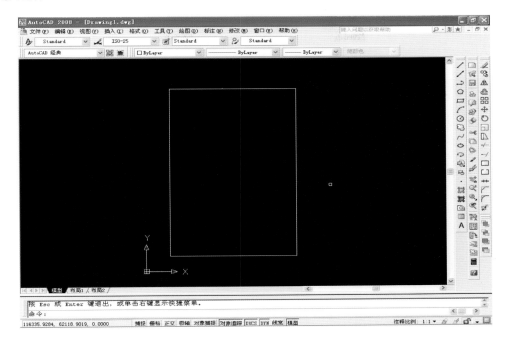

任务二 绘制主建筑物

① 选择绘图→多段线。

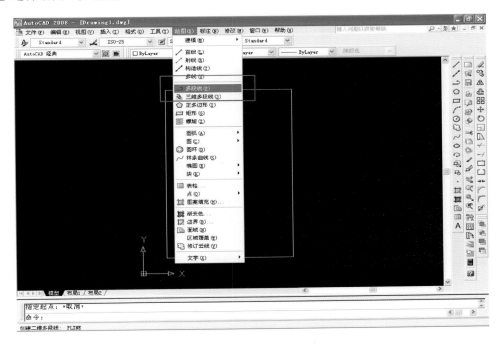

② 指定距离施工范围北轮廓线3m、西轮廓线10m处为起点。

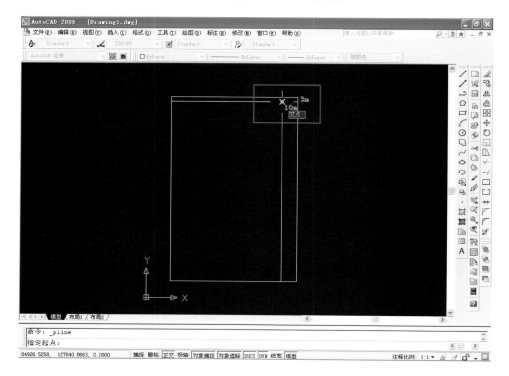

③ 输入@50000＜180，回车确定。

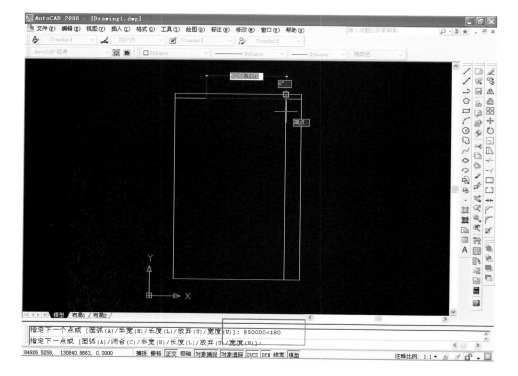

④ 输入@15000 < 270，回车确定。

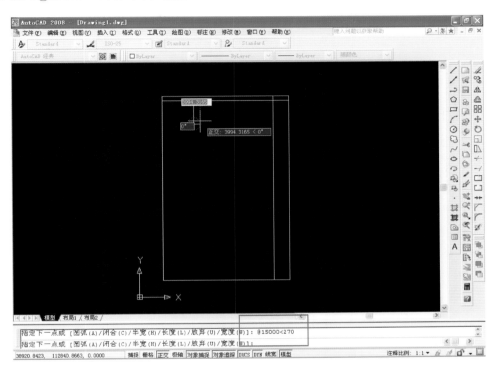

⑤ 输入@15000 < 0，回车确定。

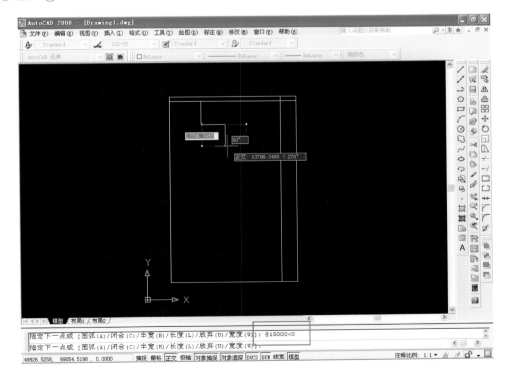

⑥ 输入 @5000 < 270，回车确定。

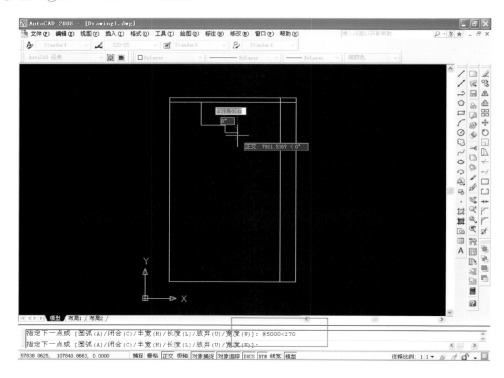

⑦ 输入 @20000 < 0，回车确定。

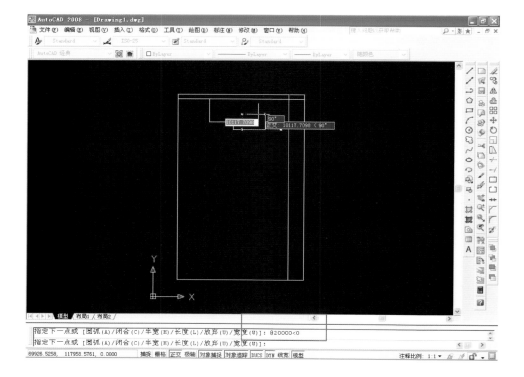

⑧ 输入 @5000 < 90，回车确定。

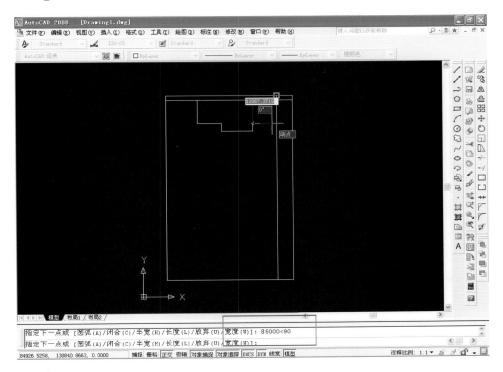

⑨ 输入 @15000 < 0，回车确定。

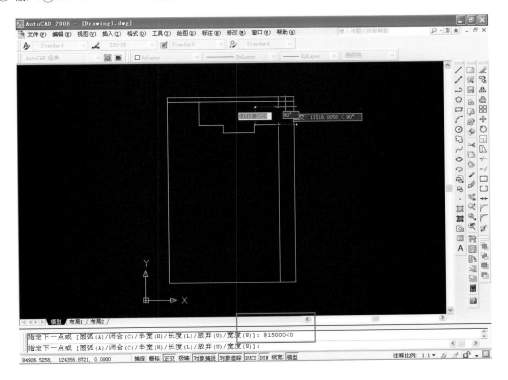

⑩ 输入C，回车确定。

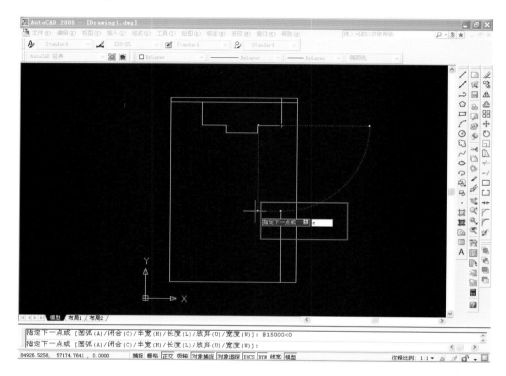

⑪ 完成。

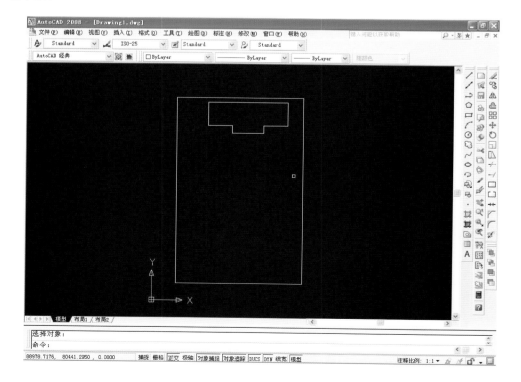

任务三　绘制附属建筑物

① 选择绘图→矩形。

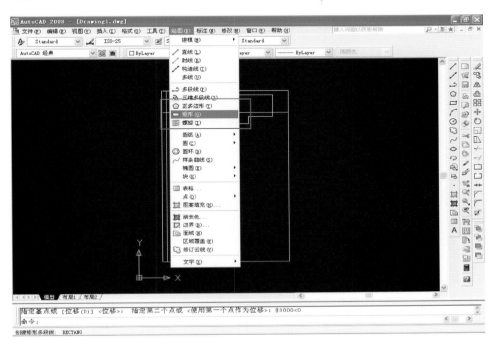

② 指定距离施工范围北轮廓线15m、东轮廓线3m处为起点。

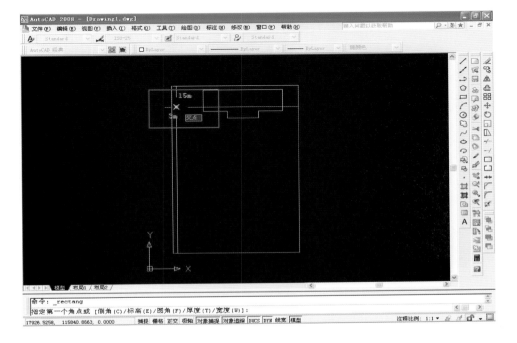

③ 输入 d，回车确定。

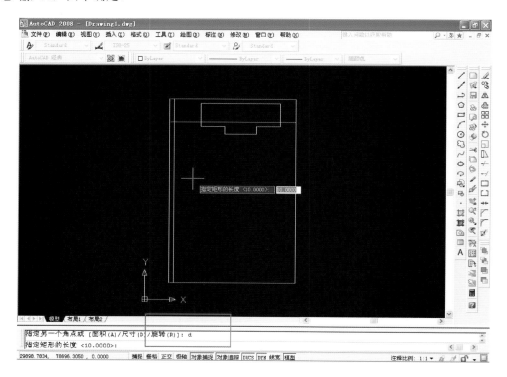

④ 指定矩形的长度：7m，回车确定。

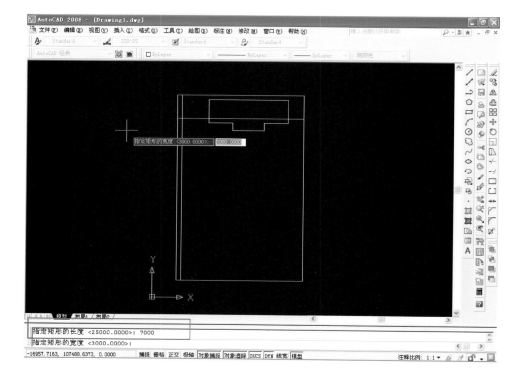

⑤ 指定矩形的宽度：25m，回车确定。

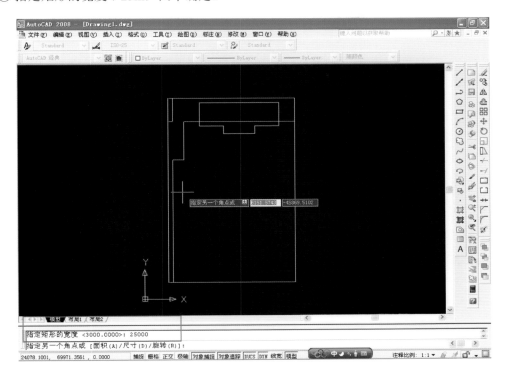

⑥ 指定另一角，回车确定。

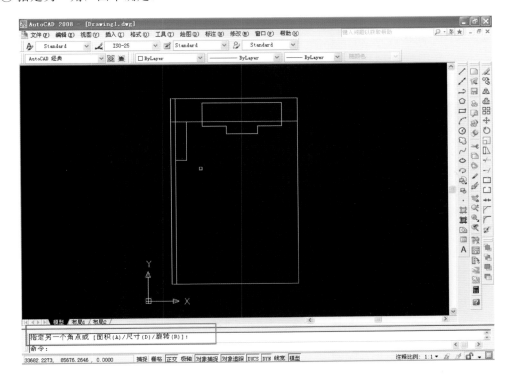

⑦ 完成。

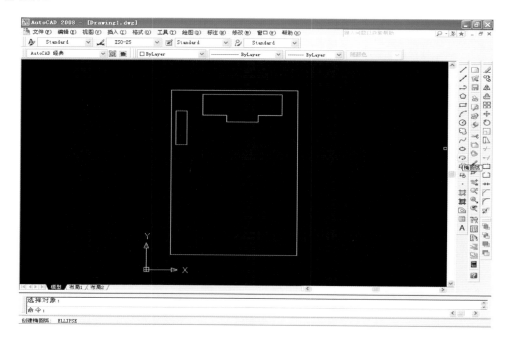

任务四　绘制大门入口东侧草坪及人行道

① 选择绘图→矩形。

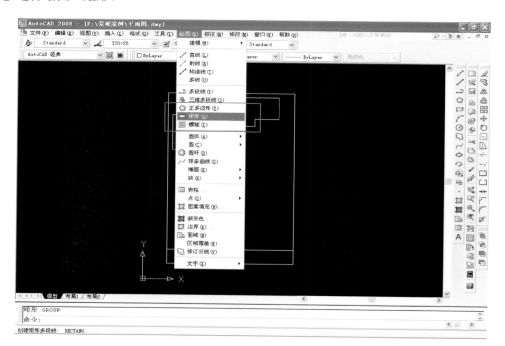

② 指定沿施工范围东轮廓线距离施工范围南轮廓线10m处为起点。

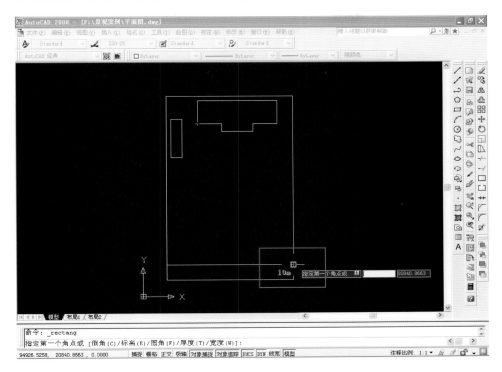

③ 输入d，回车确定。

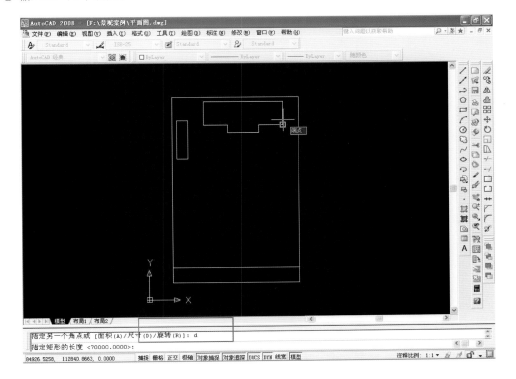

④ 指定矩形的长度：7m，回车确定。

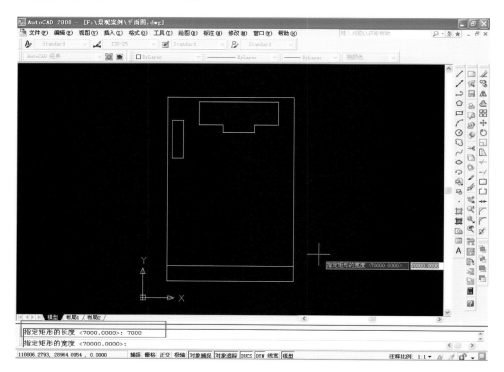

⑤ 指定矩形的宽度：70m，回车确定。

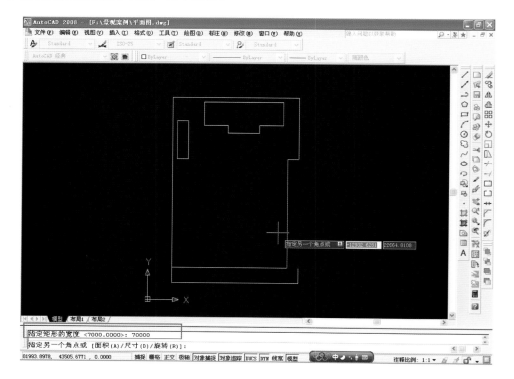

⑥ 指定另一角，回车确定。

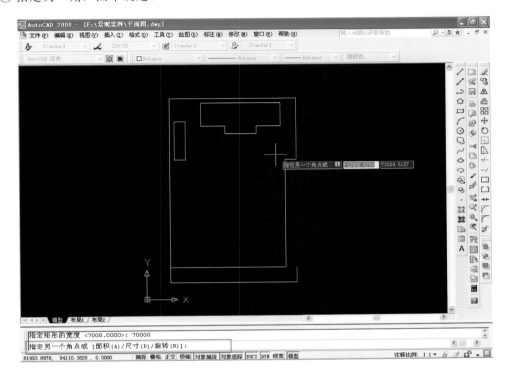

⑦ 完成。

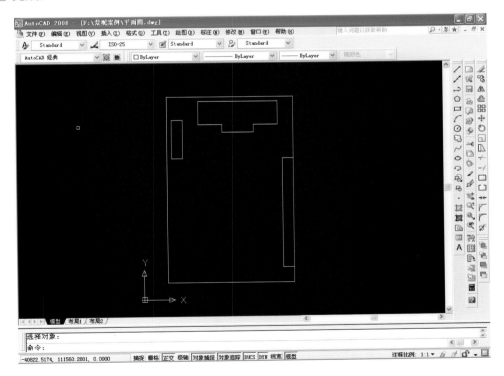

⑧ 选择绘图→多段线。

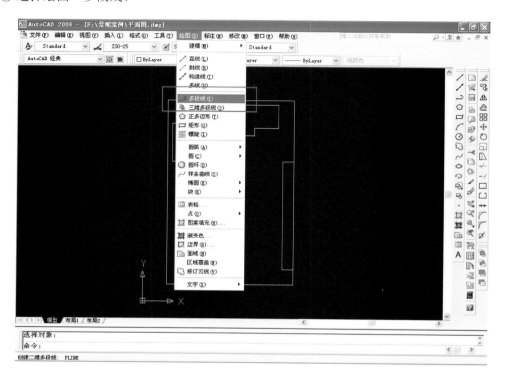

⑨ 指定已绘制草坪的西北角为起点。

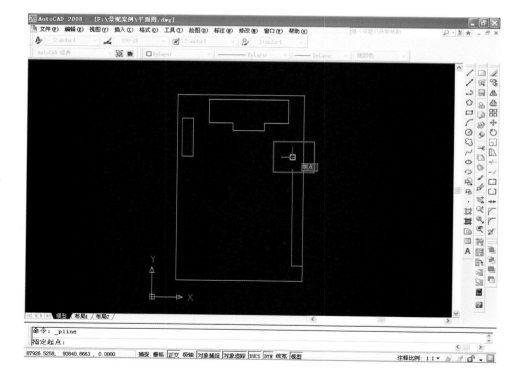

⑩ 输入 @3000 < 180，回车确定。

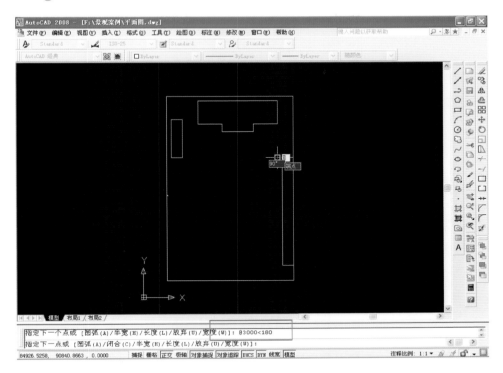

⑪ 输入 @65000 < 270，回车确定。

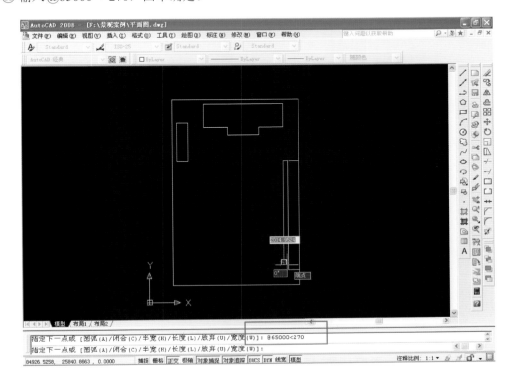

⑫ 输入 a，回车确定。

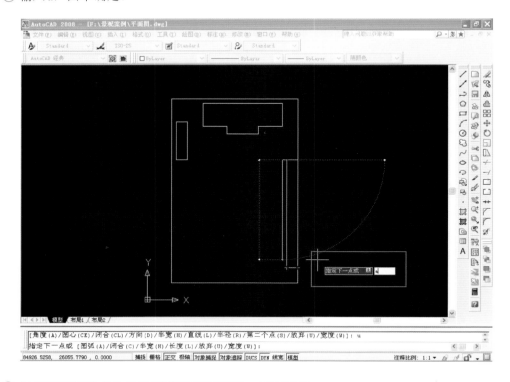

⑬ 指定圆弧的端点为已绘制草坪的西南角，回车确定。

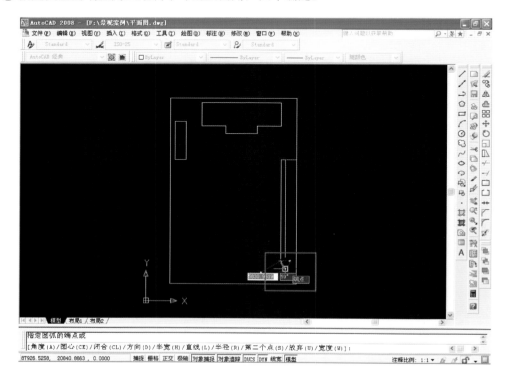

⑭ 完成。

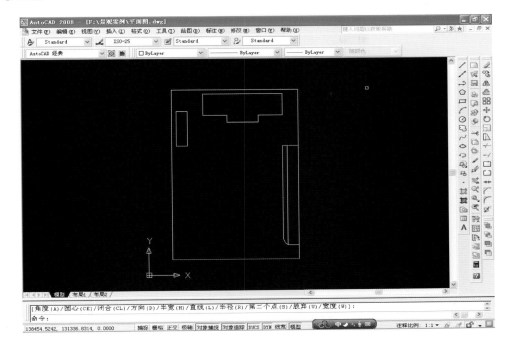

任务五　绘制西侧人行道

① 选择绘图→直线。

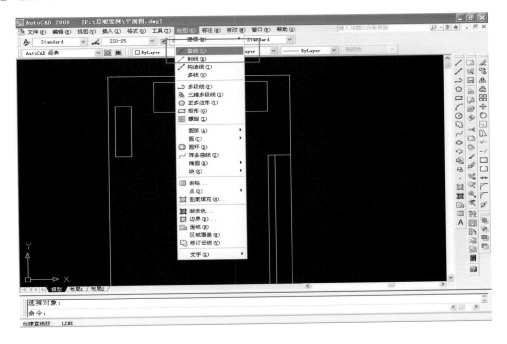

② 指定沿施工范围西轮廓线距离施工范围北轮廓线40m处为起点。

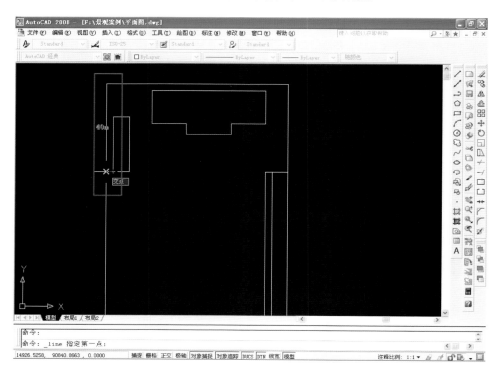

③ 输入@62000＜0，回车确定。

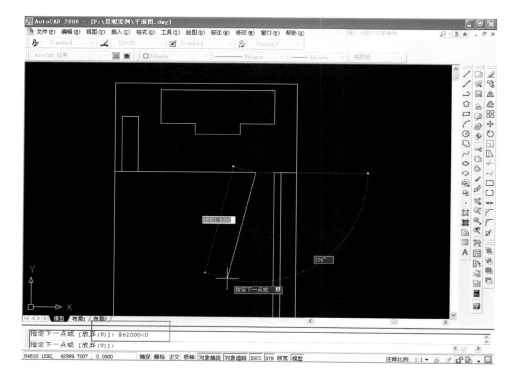

④ 输入@52000 < 270，回车确定。

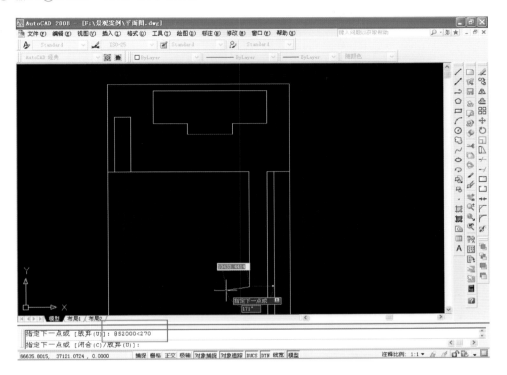

⑤ 输入@3000 < 180，回车确定。

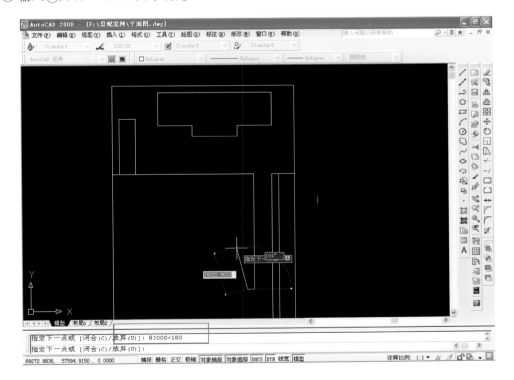

⑥ 输入@49000 < 90，回车确定。

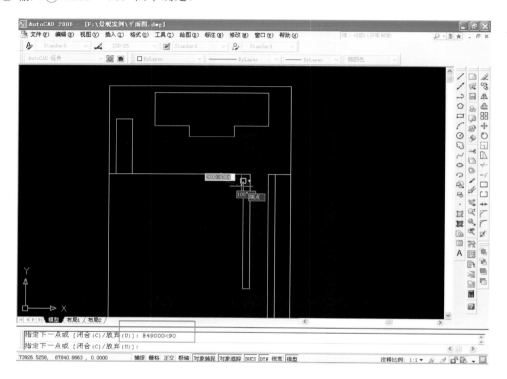

⑦ 输入@59000 < 180，回车确定。

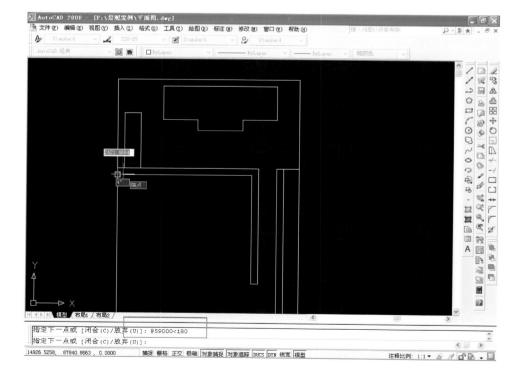

⑧ 输入C，回车确定。

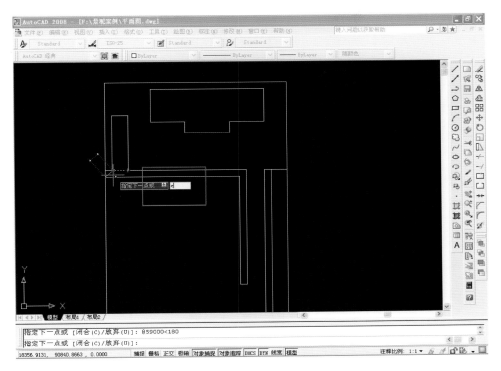

⑨ 选择修改→圆角。

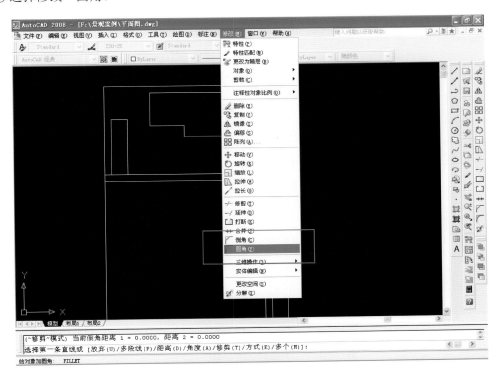

⑩ 输入 r，回车确定。

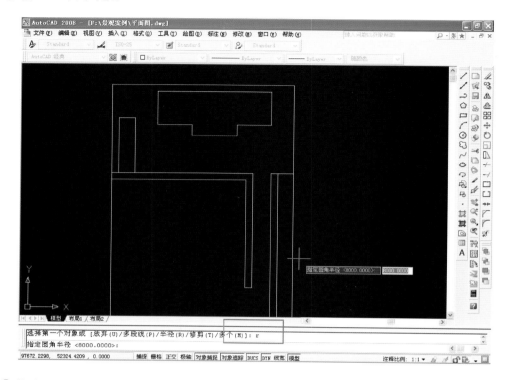

⑪ 指定圆角半径 8000，回车确定。

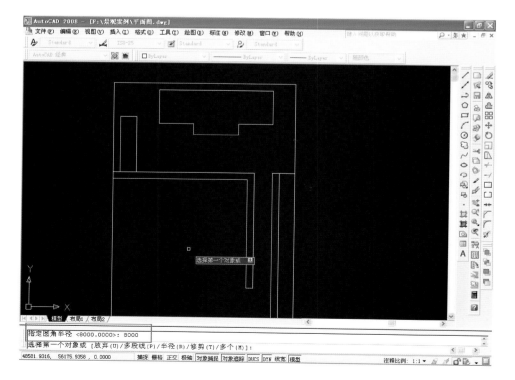

⑫ 选择第一个对象：人行道东外侧线。

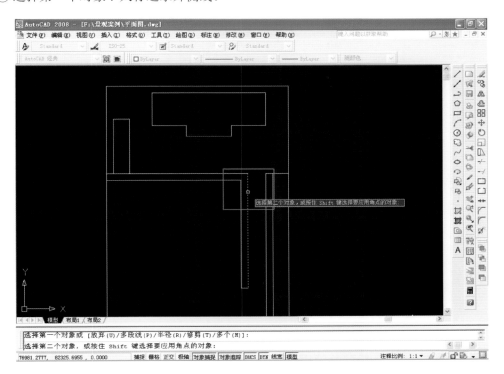

⑬ 选择第二个对象：人行道北外侧线。

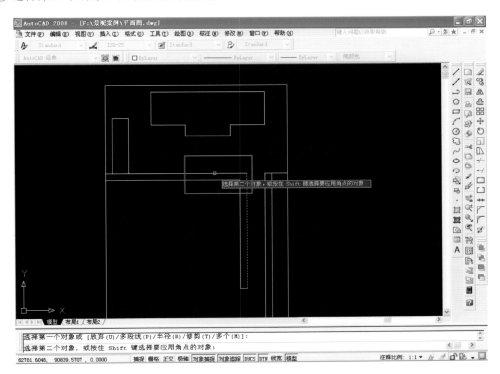

⑭ 完成。

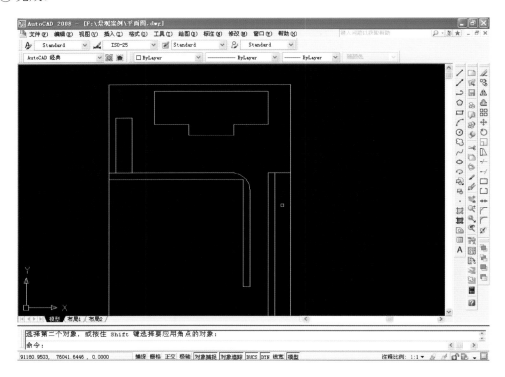

⑮ 选择修改→圆角。

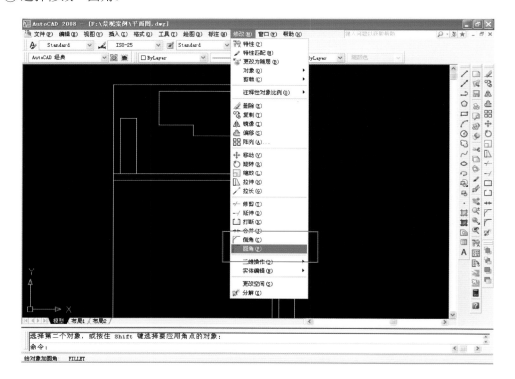

⑯ 输入r，回车确定。

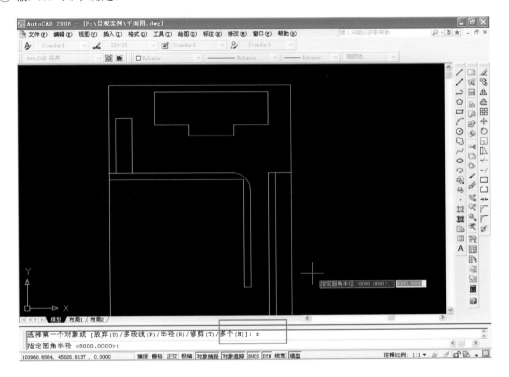

⑰ 指定圆角半径5000，回车确定。

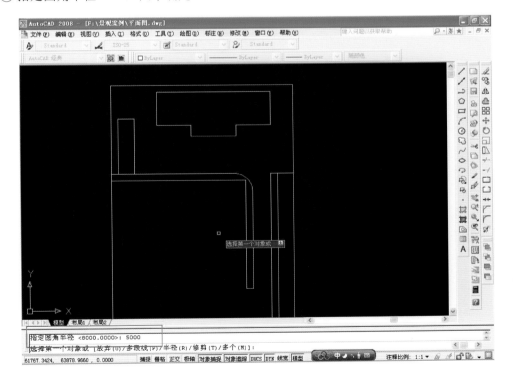

⑱ 选择第一个对象：人行道东内侧线。

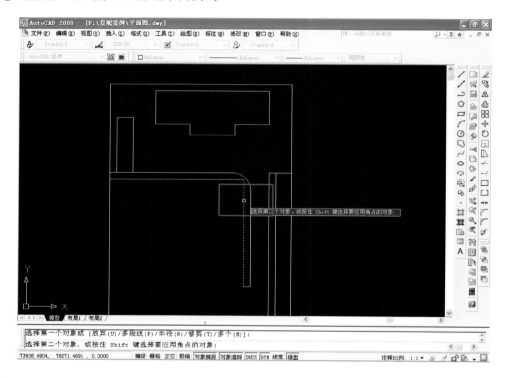

⑲ 选择第二个对象：人行道北内侧线。

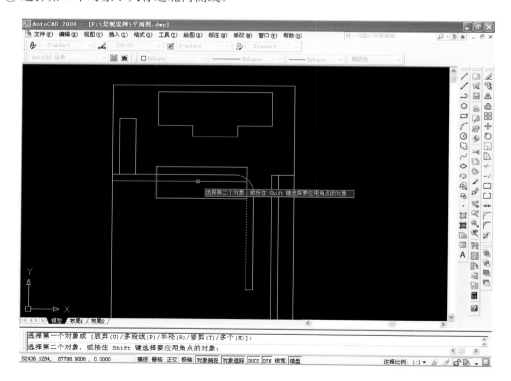

⑳ 完成。

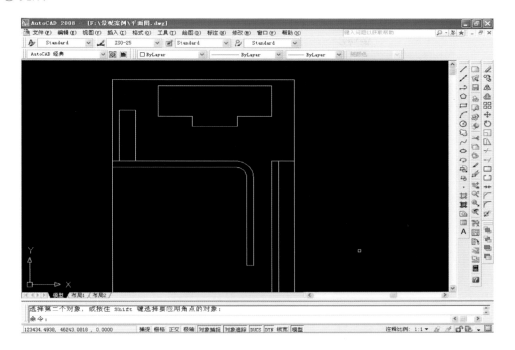

任务六　绘制大门入口处小广场

① 选择绘图→直线。

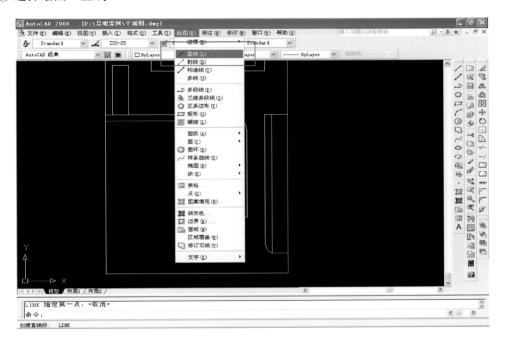

② 指定西侧人行道的东南角为起点。

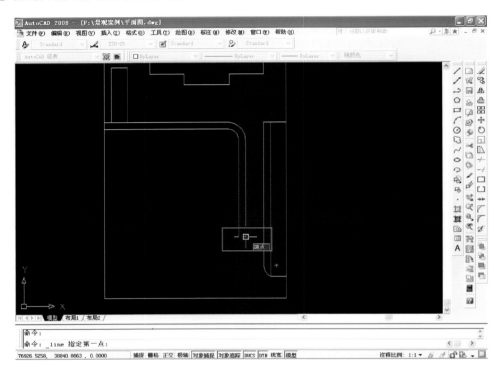

③ 输入 @18000 < 270，回车确定。

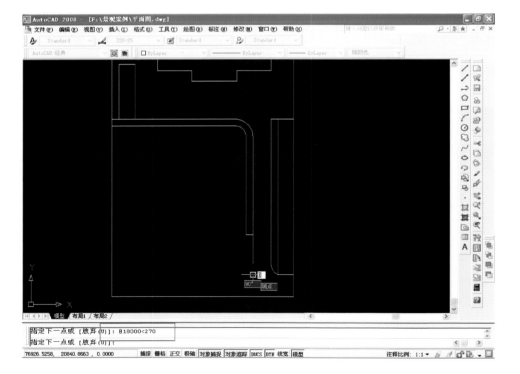

④ 输入@18000 < 180，回车确定。

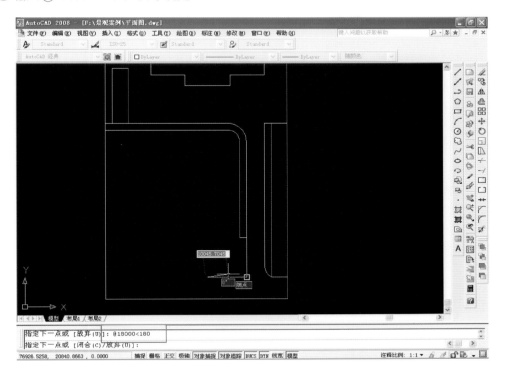

⑤ 输入@18000 < 90，回车确定。

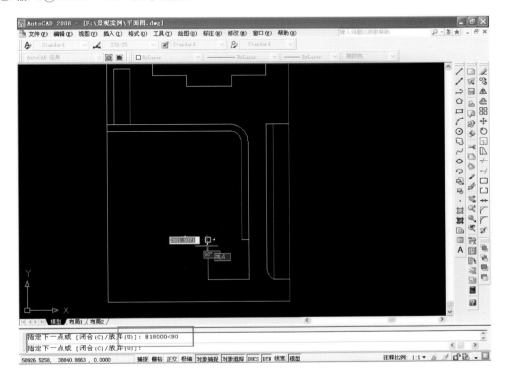

⑥ 输入C，回车确定。

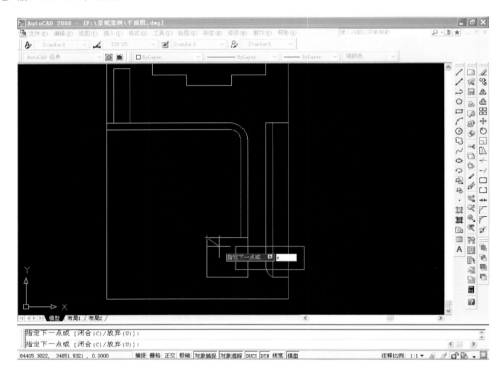

⑦ 选择修改→圆角。

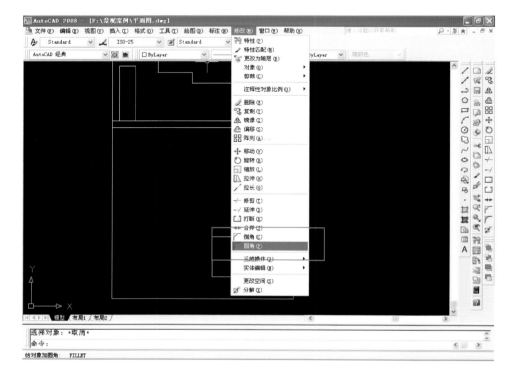

⑧ 输入 r，回车确定。

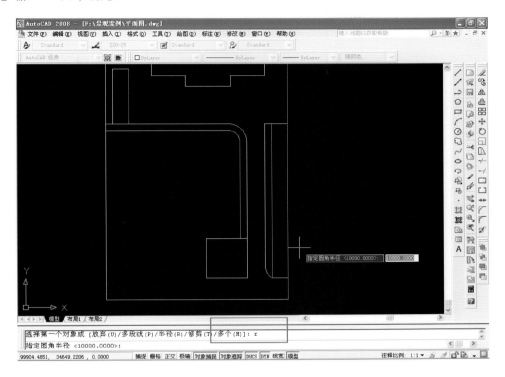

⑨ 指定圆角半径 10000，回车确定。

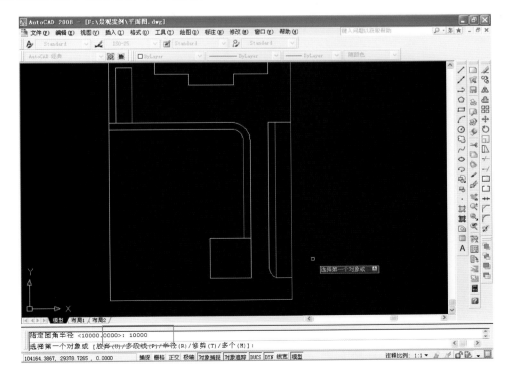

⑩ 选择小广场北侧线。

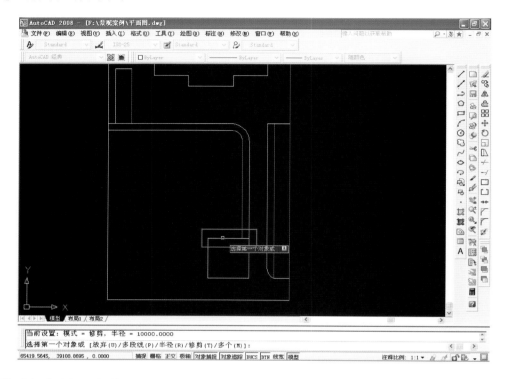

⑪ 选择小广场西侧线。

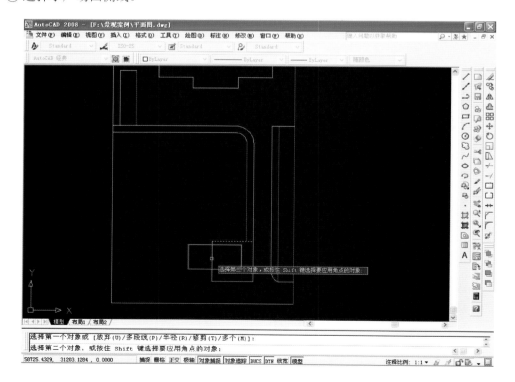

⑫ 选择修改→圆角。

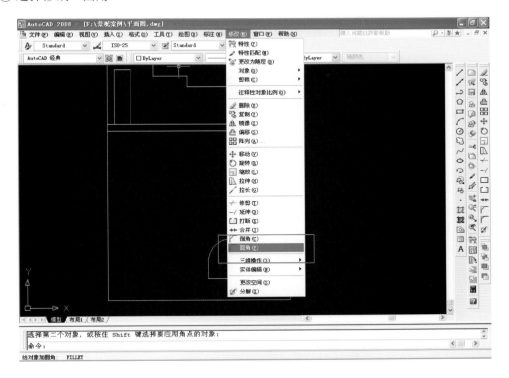

⑬ 输入r，回车确定。

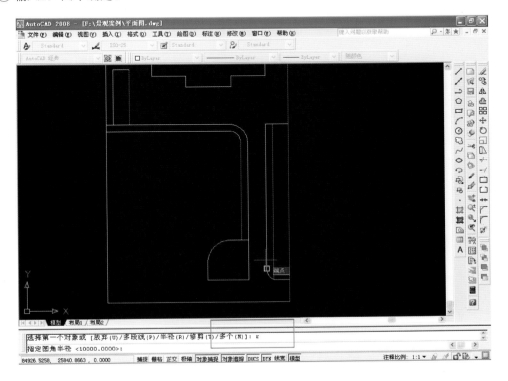

⑭ 指定圆角半径10000，回车确定。

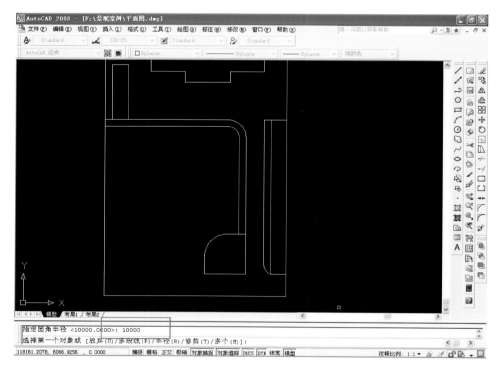

⑮ 选择小广场东侧线。

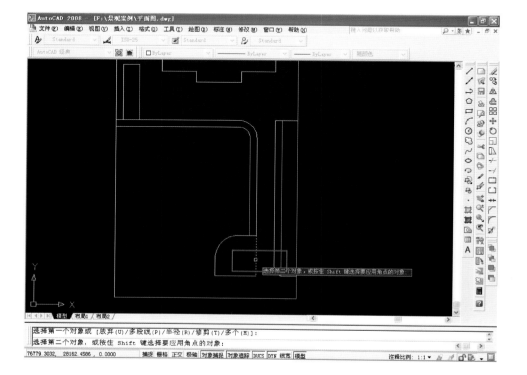

⑯ 选择小广场西侧线。

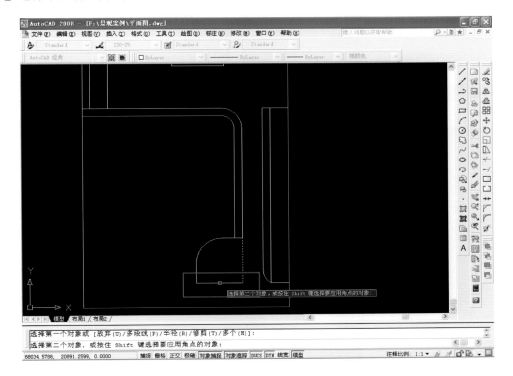

⑰ 完成。

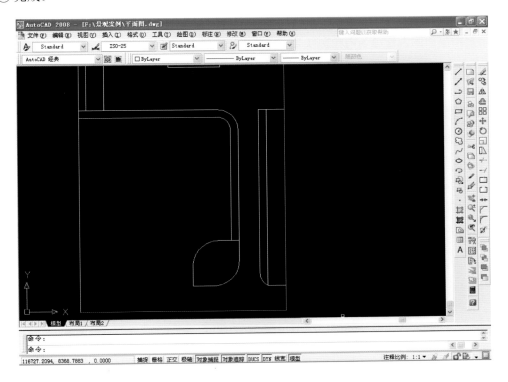

任务七　绘制中心广场

① 选择绘图→圆→圆心、直径。

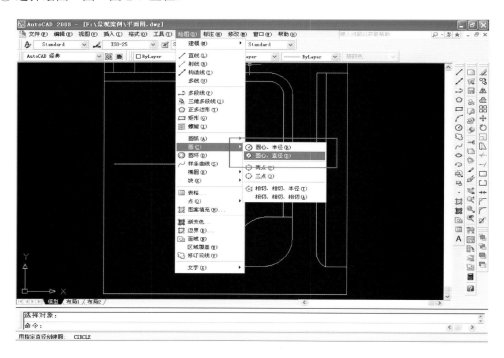

② 指定距离西侧人行道东内轮廓线15m，北内轮廓线30m处为圆心。

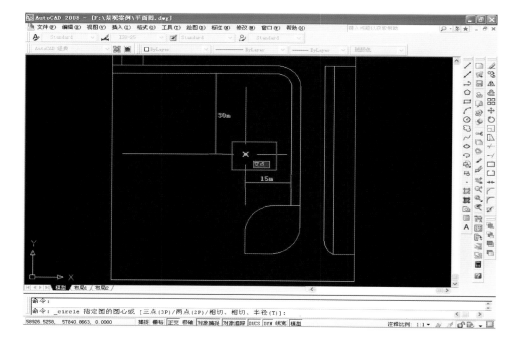

③ 指定圆的直径：20000，回车确定。

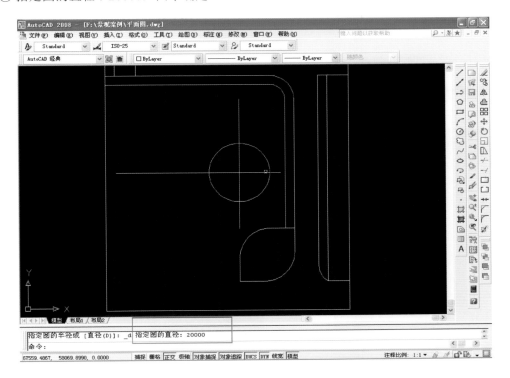

④ 完成。

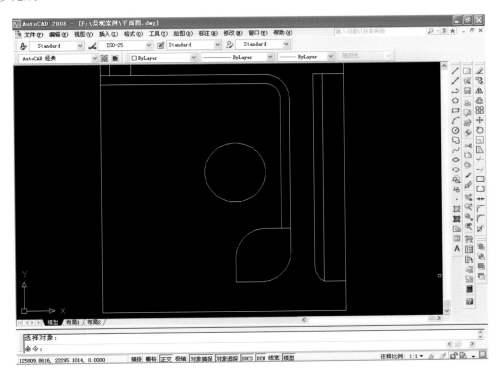

任务八　绘制中心广场通往大门入口处小广场的小路

① 选择绘图→圆弧→起点、端点、角度。

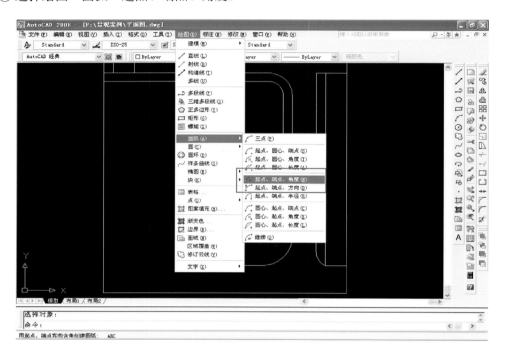

② 指定小广场西南角为起点。

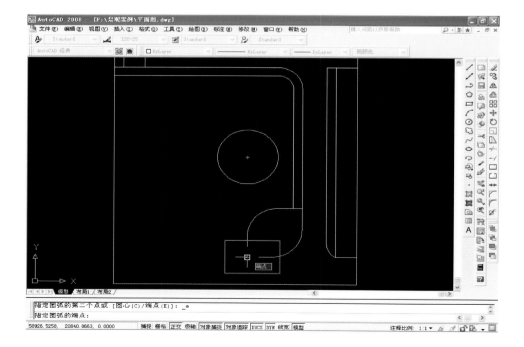

③ 指定中心广场的圆心为端点。

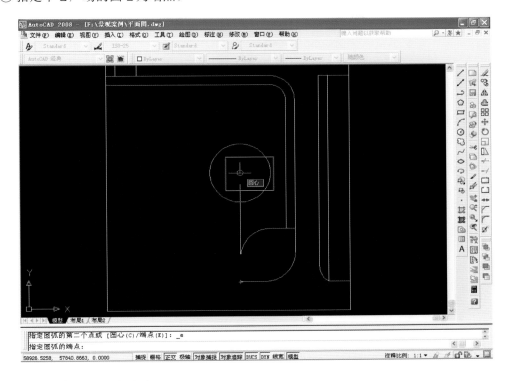

④ 输入角度80，回车确定。

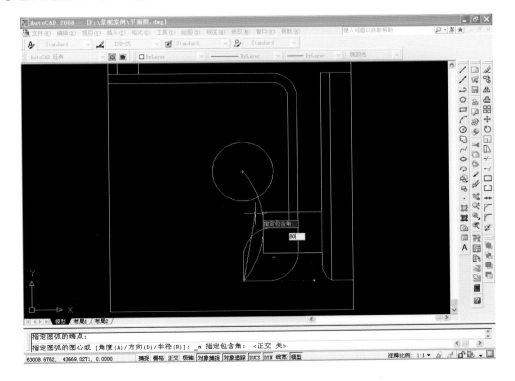

⑤ 选择修改→偏移。

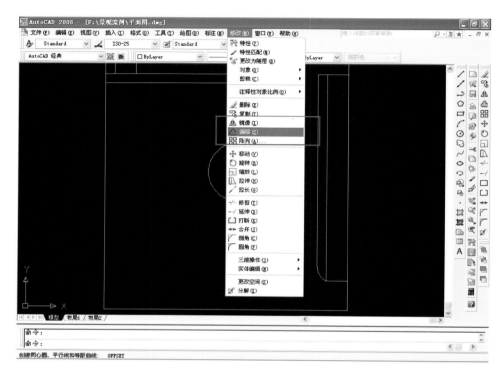

⑥ 输入偏移距离：1500，回车确定。

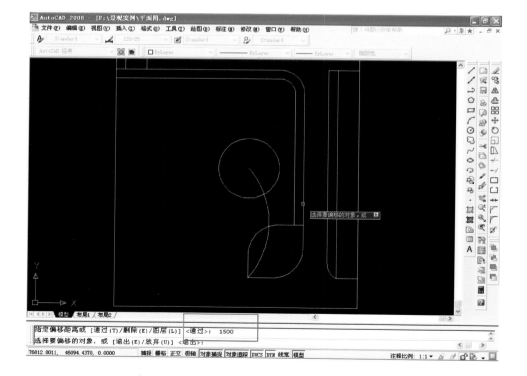

⑦ 选择弧线为偏移对象。

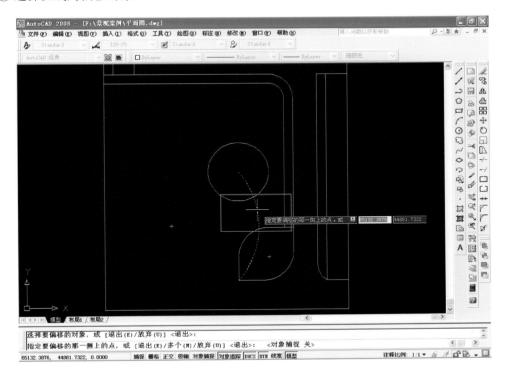

⑧ 指定弧线西侧为偏移方向，回车确定。

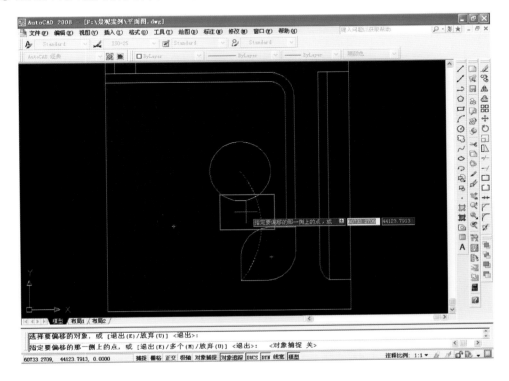

⑨ 选择修改→修剪。

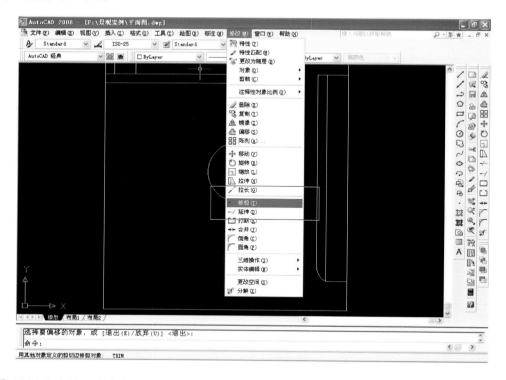

⑩ 选择小广场西北角的弧线为对象，回车确定。

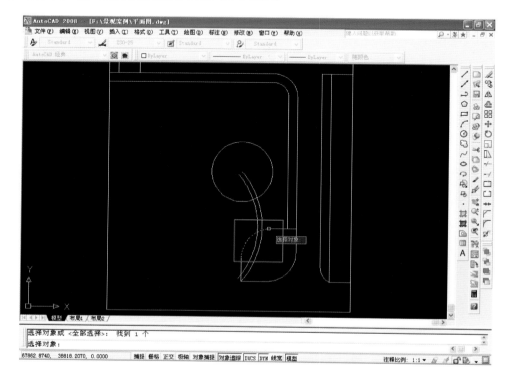

⑪ 分别选择小路的两条弧线为修剪对象，回车确定。

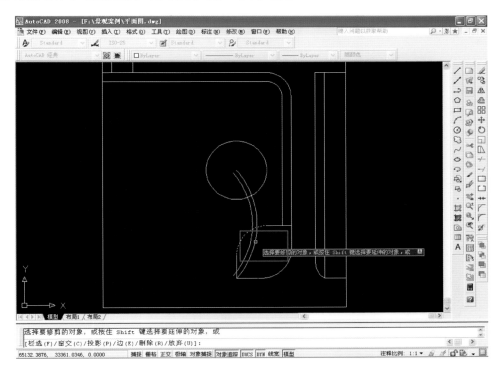

⑫ 选择修改→修剪。

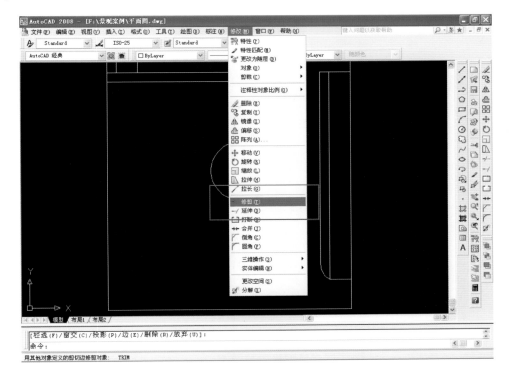

⑬ 选择中心广场为对象，回车确定。

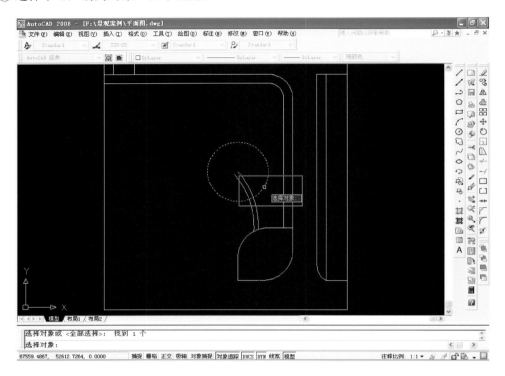

⑭ 分别选择小路的两条弧线为修剪对象，回车确定。

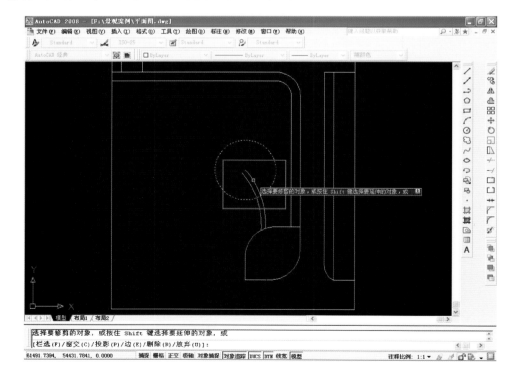

⑮ 完成。

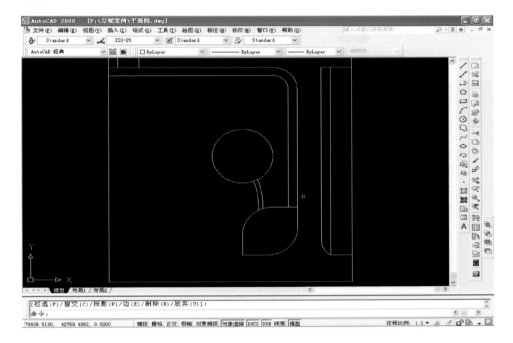

任务九　绘制人工湖

① 选择绘图→多段线。

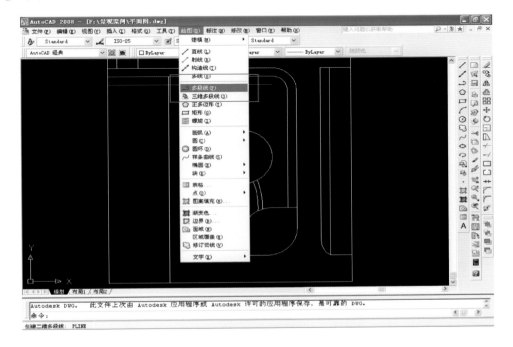

② 指定距离西侧人行道北内轮廓线3m，施工范围西轮廓线20m处为起点。

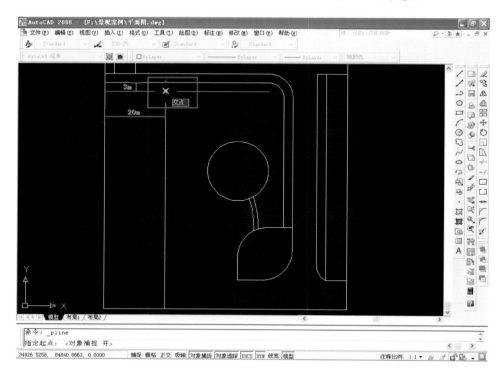

③ 输入a，回车确定。

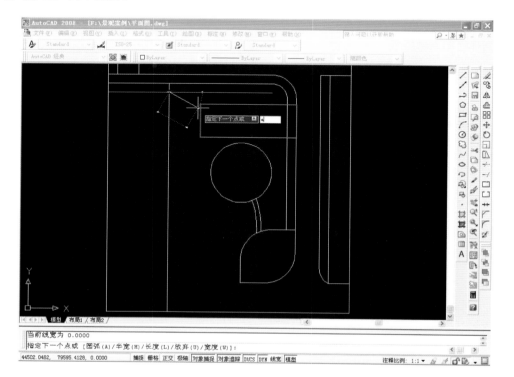

④ 输入 d，回车确定。

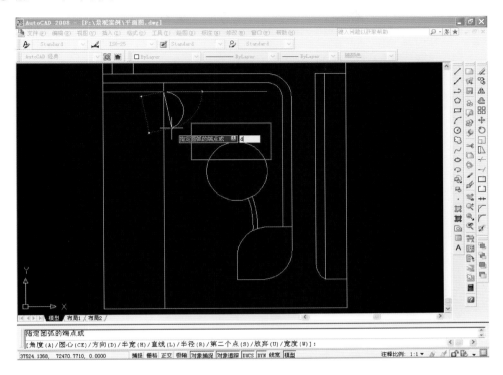

⑤ 指定圆弧的起点切向：10，回车确定。

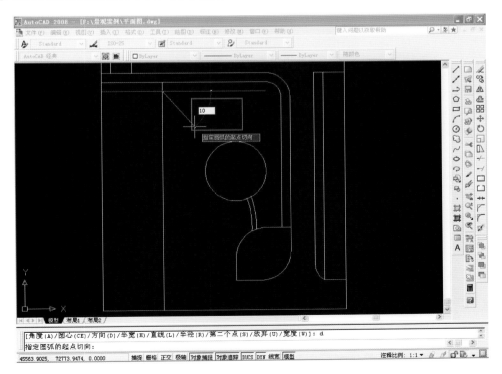

⑥ 指定圆弧的端点：将鼠标滑动至90°，输入16000，回车确定。

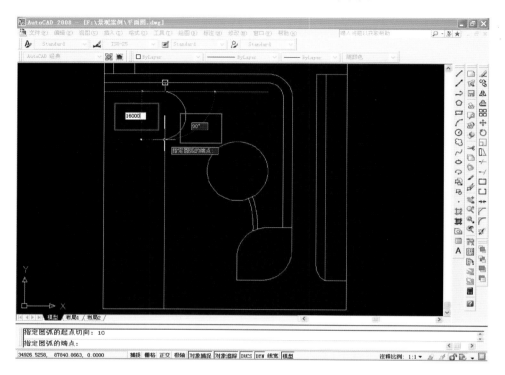

⑦ 指定圆弧的下一端点：将鼠标滑动至130°，输入10000，回车确定。

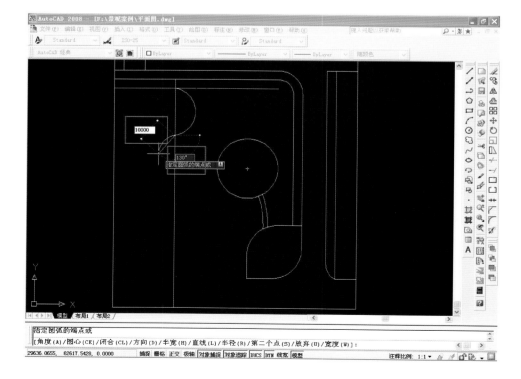

⑧ 指定圆弧的下一端点：将鼠标滑动至50°，输入8000，回车确定。

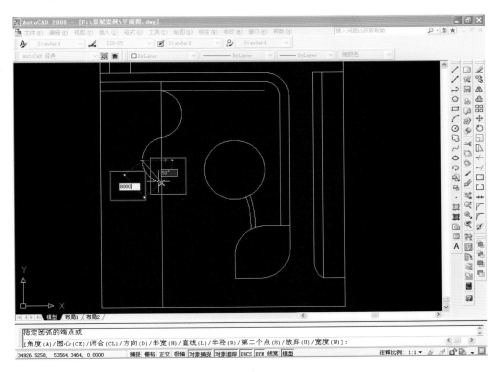

⑨ 指定圆弧的下一端点：将鼠标滑动至70°，输入12000，回车确定。

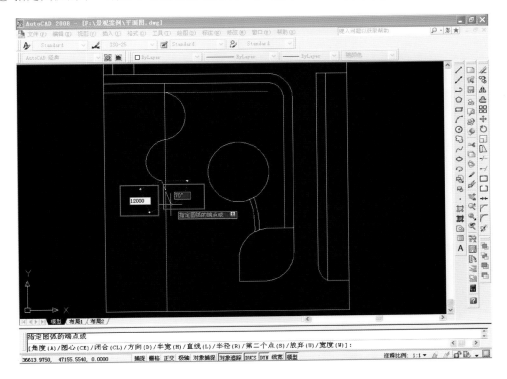

⑩ 指定圆弧的下一端点：将鼠标滑动至80°，输入8000，回车确定。

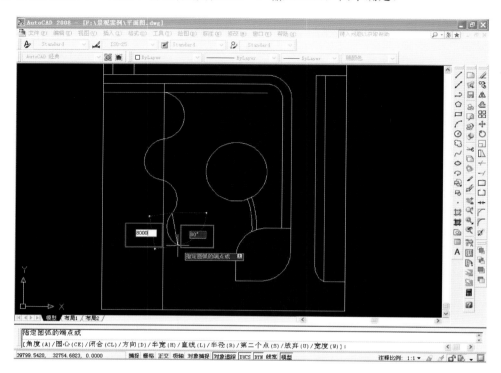

⑪ 指定圆弧的下一端点：将鼠标滑动至100°，输入19000，回车确定。

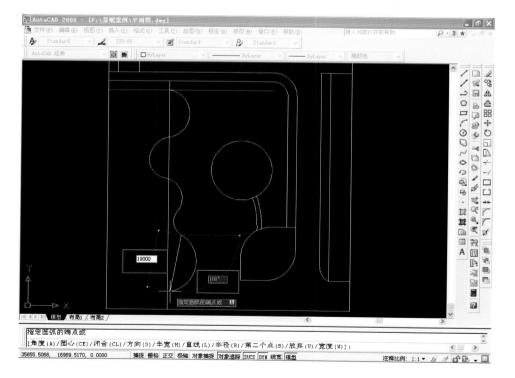

⑫ 指定圆弧的下一端点：将鼠标滑动至135°，输入9000，回车确定。

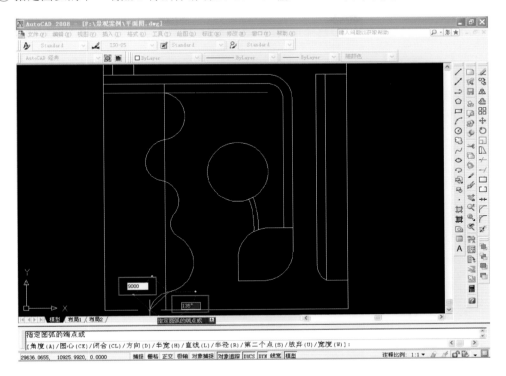

⑬ 回车，完成多段线绘制。

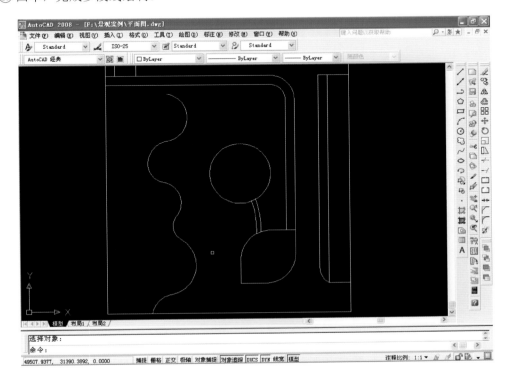

⑭ 选择绘图→多段线。

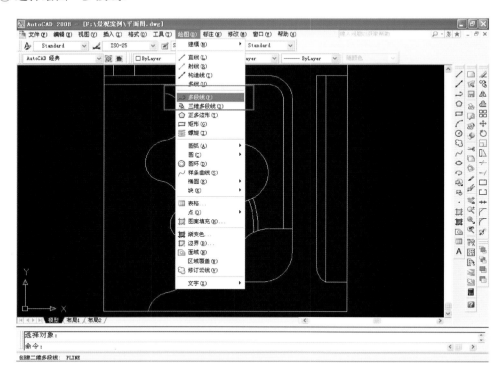

⑮ 指定上一多段线的起点为起点。

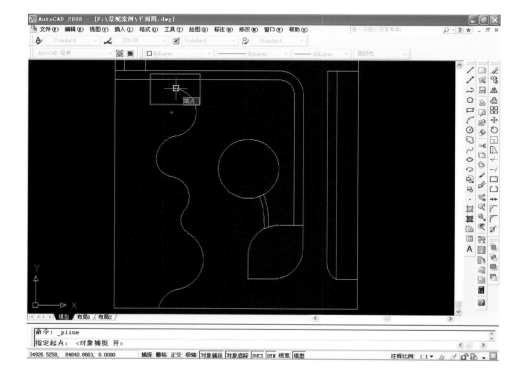

⑯ 输入 a，回车确定。

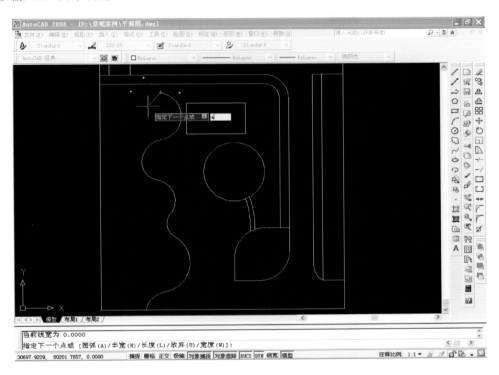

⑰ 输入 d，回车确定。

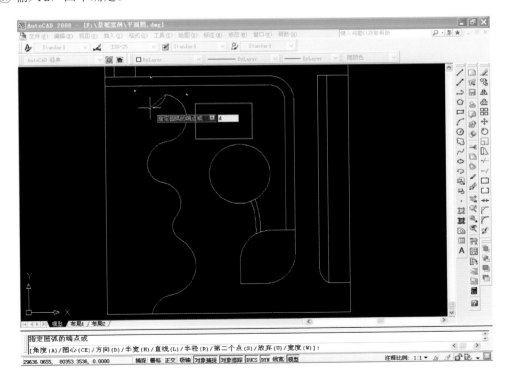

⑱ 指定圆弧的起点切向：170，回车确定。

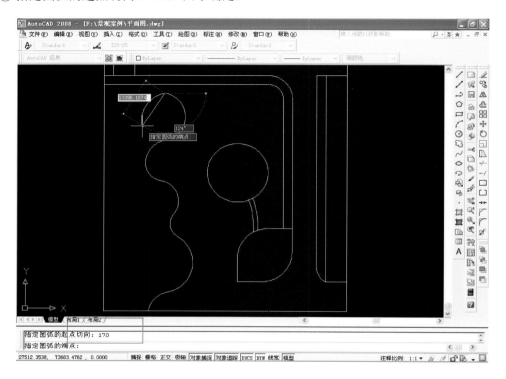

⑲ 指定圆弧的端点：将鼠标滑动至100°，输入30000，回车确定。

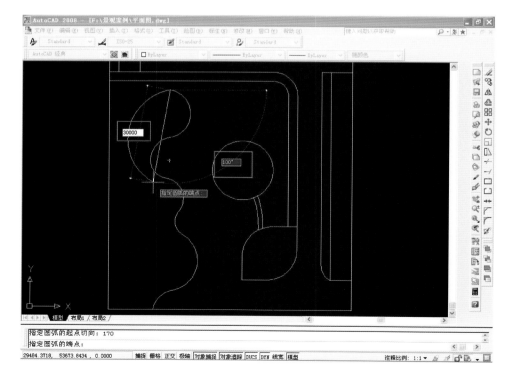

⑳ 指定圆弧的端点：将鼠标滑动至75°，输入13000，回车确定。

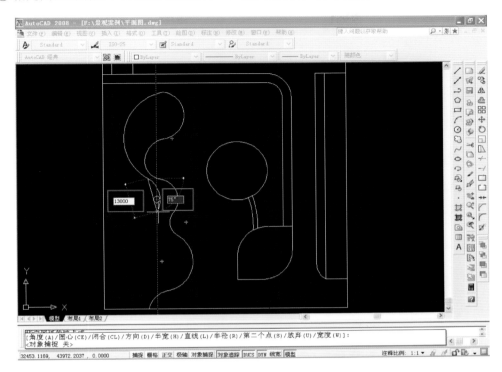

㉑ 指定圆弧的端点：将鼠标滑动至95°，输入6000，回车确定。

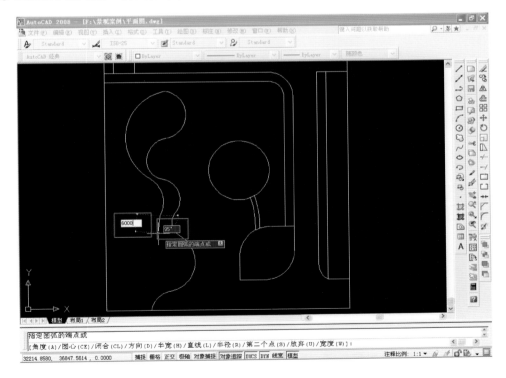

㉒ 指定圆弧的端点：将鼠标滑动至95°，输入6000，回车确定。

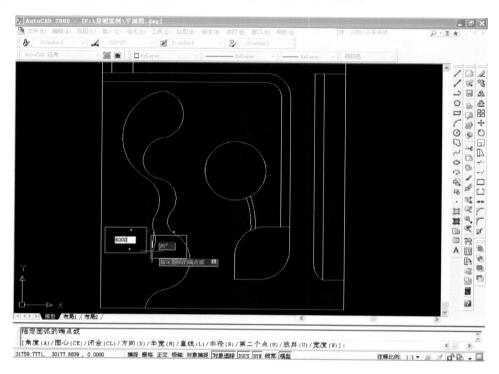

㉓ 指定圆弧的端点：将鼠标滑动至100°，输入23000，回车确定。

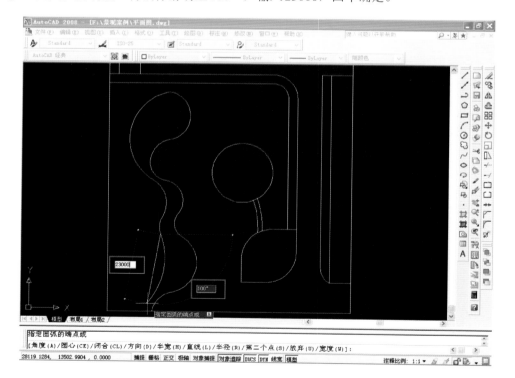

㉔ 指定圆弧的端点：将鼠标滑动至110°，输入3500，回车确定。

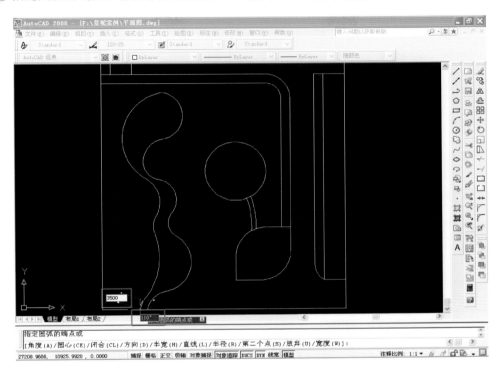

㉕ 输入L，回车确定。

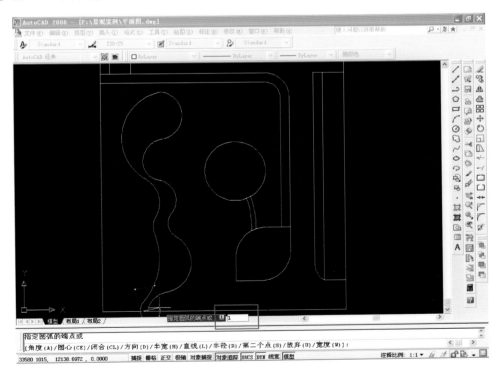

㉖ 指定上一条多段线的结束点为端点，回车确定。

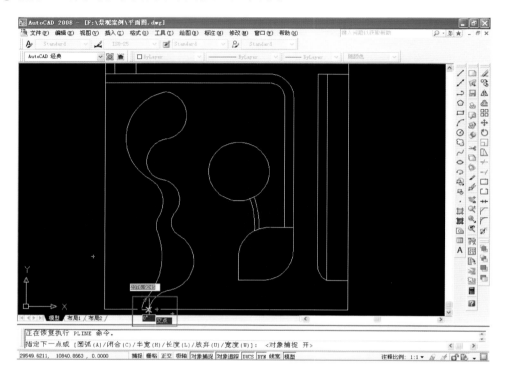

㉗ 选择修改→合并。

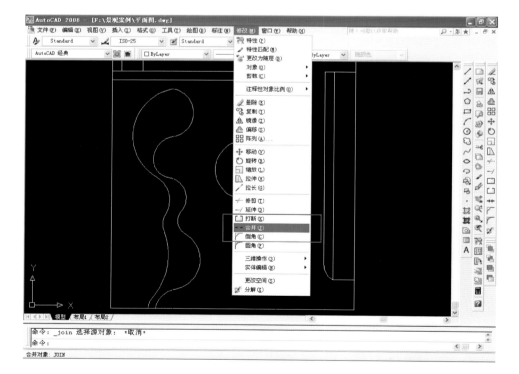

㉘ 选择第一条多段线为合并对象。

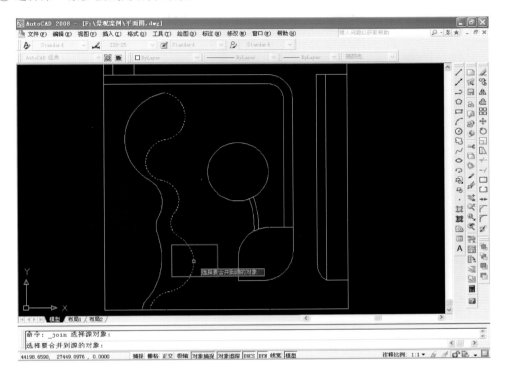

㉙ 选择第二条多段线为合并对象。

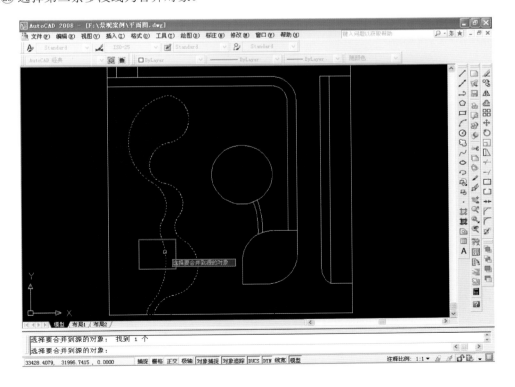

㉚ 回车确定，完成。

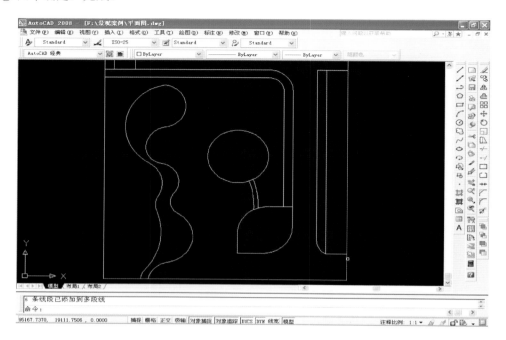

任务十　绘制亲水平台

① 选择绘图→多段线。

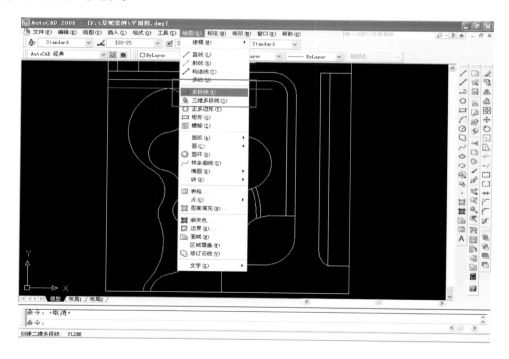

② 指定沿西侧人行道北内轮廓线，距离施工范围西轮廓线38m处为起点。

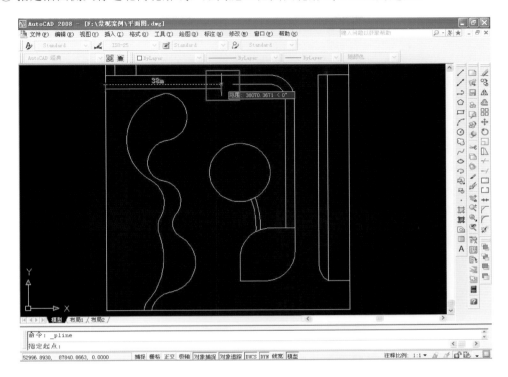

③ 输入a，回车确定。

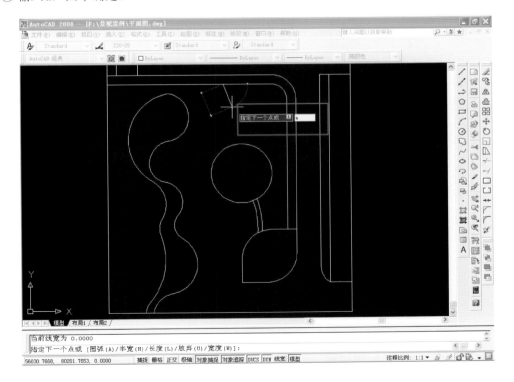

④ 输入 d，回车确定。

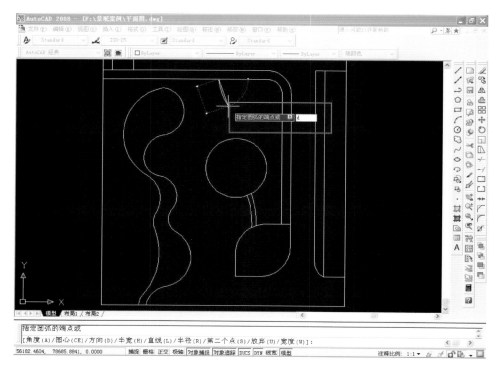

⑤ 指定圆弧的起点切向：90，回车确定。

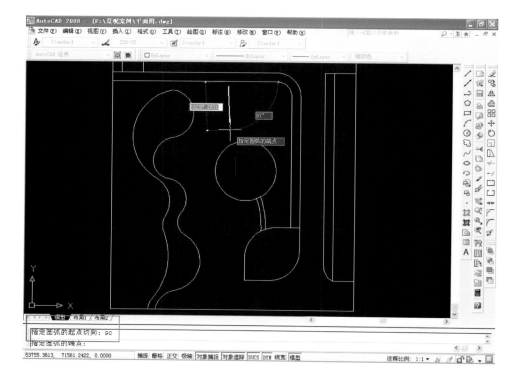

⑥ 指定圆弧的端点，将鼠标滑动至125°，输入25000，回车确定。

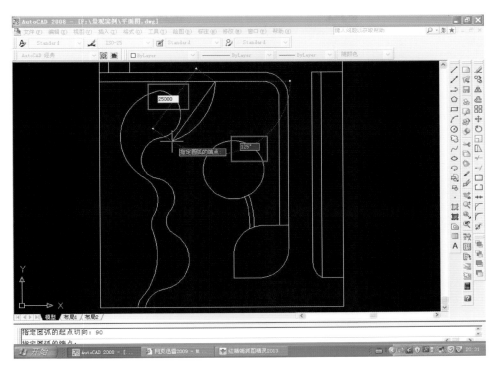

⑦ 输入L，回车确定。

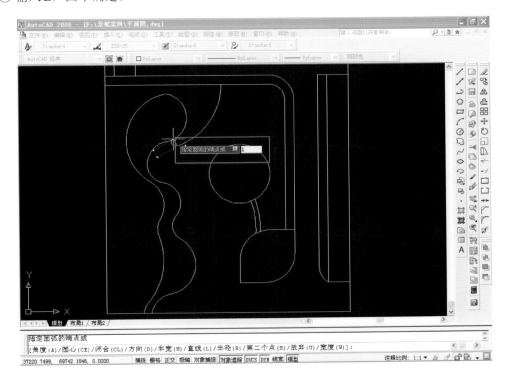

⑧ 输入@2500＜120，回车确定。

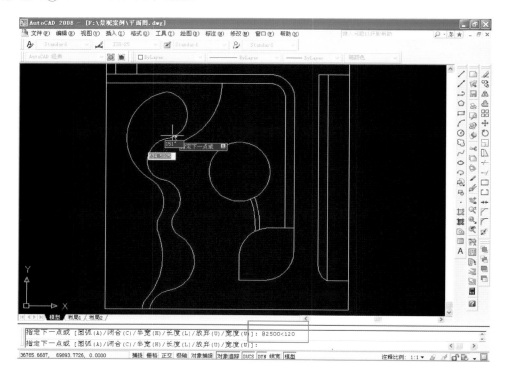

⑨ 回车确定，完成。

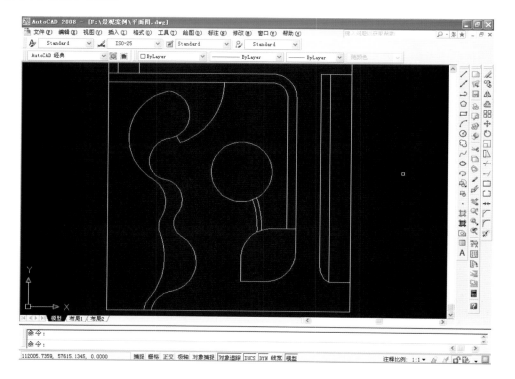

任务十一　将AutoCAD绘制的平面图导入到3DS MAX

① 选择文件→另存为。

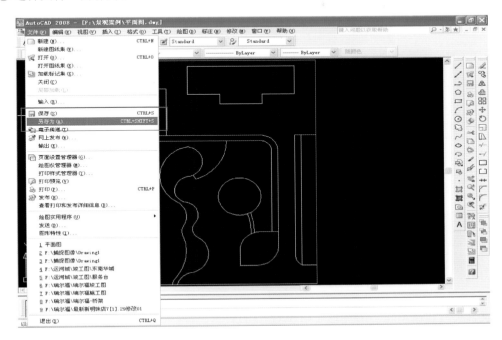

② 将文件类型选择为AutoCAD 2000/LT2000 DXF（＊.dxf）（这个类型选择取决于将要打开的3DS MAX版本的高低），并保存。

③ 打开3DS MAX，选择文件→导入。

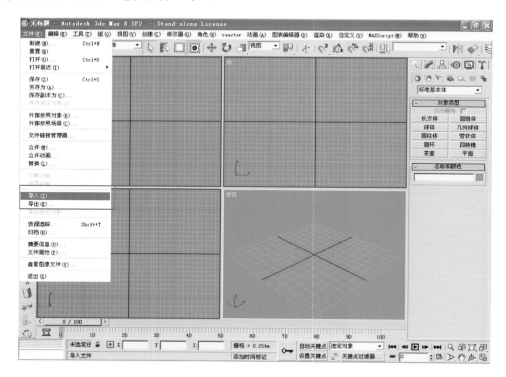

④ 文件类型选择AutoCAD图形（*.DWG，*.DXF），点取刚刚保存的dxf文件。

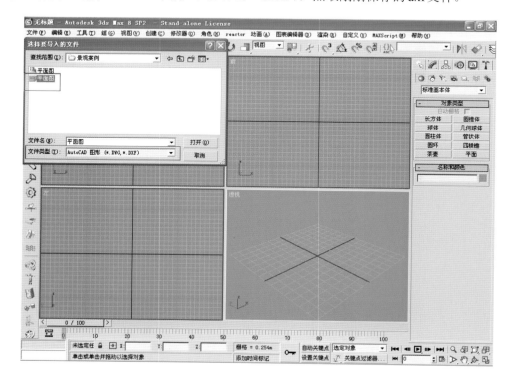

⑤ 在导入选项中勾选"重缩放",文件单位为毫米,取消"按层合并对象"的选择后确定。

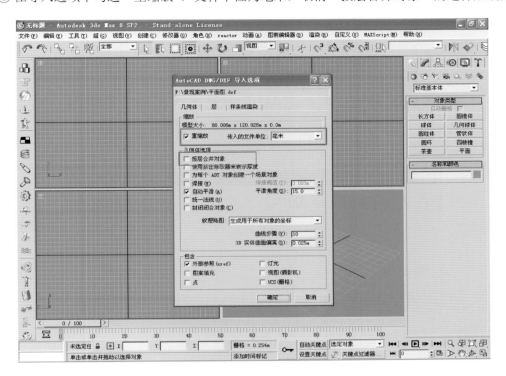

⑥ 导入完成。

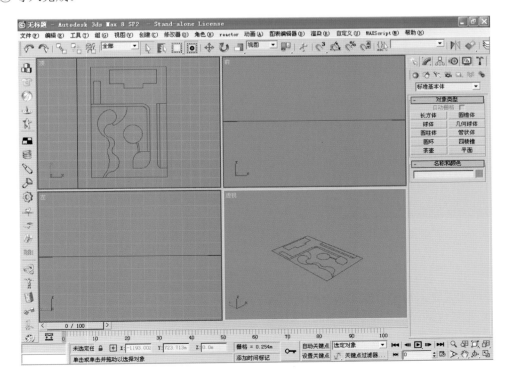

学生利用AutoCAD软件练习CAD的基本命令，绘制CAD平面图。

实训练习一　AutoCAD二维基本绘图命令的使用

常用的基本绘图命令在绘图工具栏中，如图3-1所示。

图3-1

练习1　直线的应用

◆ 图例说明

应用直线命令 ✐ 绘制五角星。

本图例是AutoCAD最基本命令的应用，使用【直线】命令结合坐标绘制固定长度的五角星。其最后效果图如图3-2所示。

图3-2

◆ 设计思路

本图例主要是运用了直线工具与相对坐标输入方式来完成的。这个工具是AutoCAD最基本的工具，也是最常用的工具，掌握好它们的使用对于以后绘制固定长度的图形有很大的帮助。

◆ 绘制步骤

（1）启动AutoCAD 2004。

（2）单击直线命令按钮 ✐。

（3）命令行提示：

```
命令：
命令：_line 指定第一点：
```

在绘图区任意位置单击鼠标左键。

（4）命令行提示：

```
命令：_line 指定第一点：
指定下一点或 [放弃(U)]：
```

从键盘输入"@100<0"

```
命令：_line 指定第一点：
指定下一点或 [放弃(U)]：@100<0
```

，回车。

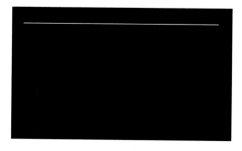

（5）命令行提示：

```
指定下一点或 [放弃(U)]：@100<0
指定下一点或 [放弃(U)]：
```

从键盘输入"@100<216"

指定下一点或 [放弃(U)]：@100<0

指定下一点或 [放弃(U)]：@100<216

，回车。

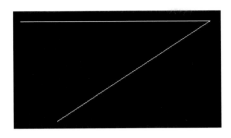

（6）命令行提示：

指定下一点或 [放弃(U)]：@100<216

指定下一点或 [闭合(C)/放弃(U)]：

从键盘输入"@100<72"

指定下一点或 [放弃(U)]：@100<216

指定下一点或 [闭合(C)/放弃(U)]：@100<72

，回车。

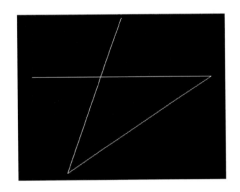

（7）命令行提示：

指定下一点或 [闭合(C)/放弃(U)]：@100<72

指定下一点或 [闭合(C)/放弃(U)]：

从键盘输入"@100<288"

指定下一点或 [闭合(C)/放弃(U)]：@100<72

指定下一点或 [闭合(C)/放弃(U)]：@100<288

，回车。

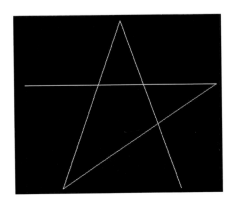

（8）命令行提示：

指定下一点或 [闭合(C)/放弃(U)]：@100<288

指定下一点或 [闭合(C)/放弃(U)]：

从键盘输入"c"

指定下一点或 [闭合(C)/放弃(U)]：@100<288

指定下一点或 [闭合(C)/放弃(U)]：c

，回车。

图形完全闭合，成为一个边长为100的五角星。

图例完成，效果如图3-2所示。保存图例。

◆技巧点拨

键盘输入"C"，可使图形完全闭合。

相对坐标输入方法：@长度<角度（以前面刚输入的一个点为起点）。

在状态栏按下"对象捕捉"按钮，

捕捉 栅格 正交 极轴 对象捕捉 对象追踪 线宽 模型

点击鼠标右键，单击"设置"，弹出"草图设置"，如图3-3所示。单击"√"选"端点"，单击"确定"完成设置。方便绘图中捕捉线段的端点。

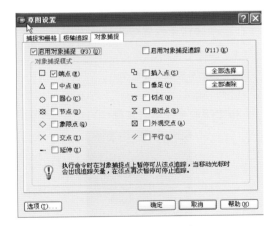

图3-3

◆心得体会

【直线】命令是AutoCAD最基本的命令，也是学习AutoCAD的基础。

◆实训练习

利用【直线】命令结合坐标绘制固定长度的三角形、矩形等图形。

练习2 圆的应用

◆图例说明

应用圆命令 ⊙ 绘制针叶树图标。

本图例是 AutoCAD 最基本命令的应用，其最后效果如图3-4所示。

图3-4

◆设计思路

本图例主要是运用了圆工具来完成的。这个工具是 AutoCAD 最基本的工具，也是最常用的工具。

◆绘制步骤

（1）启动 AutoCAD 2004。

（2）单击圆命令按钮 ⊙ 。

（3）命令行提示：

命令: _circle 指定圆的圆心或 [三点(3P)/两点(2P)/相切、相切、半径(T)]:

在绘图区任意位置单击鼠标左键。

（4）命令行提示：

指定圆的半径或 [直径(D)]:

从键盘输入"5"

指定圆的半径或 [直径(D)]: 5   回车。

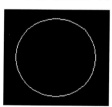

（5）设置圆心捕捉。

（6）按以上的绘制圆的步骤再绘制一个半径为0.2的小圆。

图例完成，效果如图3-4所示。保存图例。

◆技巧点拨

利用绘制圆命令，绘制与其他图形相切的圆。如图所示，绘制与直线 AB 和圆 C 相切的圆。

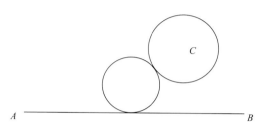

单击圆命令按钮 ⊙ 。

命令行提示：

命令: _circle 指定圆的圆心或 [三点(3P)/两点(2P)/相切、相切、半径(T)]:

在命令行键入：T回车

命令行提示：指定对象与圆的第一个切点，将光标靠近线段 AB，出现相切符号时单击左键。

命令行提示：指定对象与圆的第二个切点，将光标靠近圆 C，出现相切符号时单击左键。

命令行提示：指定圆的半径<69.56>：50回车完成上图。

◆心得体会

【圆】命令是 AutoCAD 最基本的命令，也是学习 AutoCAD 的基础。

◆实训作业

利用【圆】命令结合圆弧绘制笑脸。

练习3 矩形的应用

◆图例说明

应用矩形 ▭ 命令绘制A3图纸的图框。其最后效果如图3-5所示。

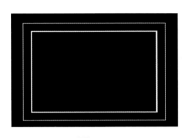

图3-5

◆设计思路

本图例主要是运用了矩形工具来完成的。这个工具是AutoCAD最基本的工具，也是最常用的工具。

◆绘制步骤

（1）启动AutoCAD 2004。

（2）单击矩形命令按钮 □。

（3）命令行提示：

指定第一个角点或 [倒角(C)/标高(E)/圆角(F)/厚度(T)/宽度(W)]:

在屏幕上任意位置指定第一个角点。

（4）命令行提示：

指定另一个角点或 [尺寸(D)]:

输入d，回车。

（5）命令行提示：

指定矩形的长度 <0.0000>: 420
指定矩形的宽度 <0.0000>: 297

分别指定矩形的长度和宽度为420和297。

（6）在屏幕上单击鼠标左键，指定另一角点。

（7）单击偏移命令 ⤴，命令行提示：

指定偏移距离或 [通过(T)] <5.0000>:

输入25，回车。

（8）选择偏移对象为刚才绘制的矩形。偏移方向为矩形内侧。

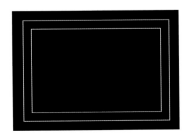

（9）输入PEDIT命令，选择内侧矩形。

（10）命令行提示：

输入选项 [打开(O)/合并(J)/宽度(W)/编辑顶点(E)/拟合(F)/样条曲线(S)/非曲线化(D)/线型生成(L)/放弃(U)]:

输入w。

（11）设置所有线段的新宽度为2，回车。图例完成，效果如图3-5所示。保存图例。

◆技巧点拨

利用绘制矩形命令，绘制具有圆角的四边形。

单击矩形命令按钮 □。

命令行提示：

指定第一个角点或 [倒角(C)/标高(E)/圆角(F)/厚度(T)/宽度(W)]:

F回车

命令行提示：指定矩形的圆角半径 <0.0000>:

5回车

命令行提示：指定第一个角点或 [倒角（C）/标高（E）/圆角（F）/厚度（T）/宽度（W）]：

在屏幕上任意位置指定第一个角点。

命令行提示：指定第一个角点或 [倒角（C）/标高（E）/圆角（F）/厚度（T）/宽度（W）]：

命令行提示：指定另一个角点或 [尺寸（D）]：80回车

完成上图。

◆心得体会

【矩形】命令是AutoCAD最基本的命令，也是学习AutoCAD的基础。

◆实训作业

利用【矩形】命令绘制8m×4m、倒圆角（半径1m）的长方形花池。

练习4 多边形的应用

◆图例说明

应用多边形 ⬠ 命令绘制五角星。

本图例是 AutoCAD 最基本命令的应用，其最后效果如图3-6所示。

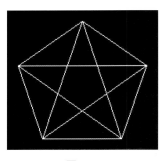

图3-6

◆设计思路

本图例主要是运用了多边形工具来完成的。这个工具是 AutoCAD 最基本的工具，也是最常用的工具。

◆绘制步骤

（1）启动 AutoCAD 2004。
（2）单击多边形命令按钮 ⬠。
（3）命令行提示：

> 命令：_polygon 输入边的数目 <4>:

输入5，回车。
（4）在屏幕上任意位置指定多边形中心点。

> 指定正多边形的中心点或 [边(E)]:
> 输入选项 [内接于圆(I)/外切于圆(C)] <I>:

默认内接于圆，回车。
（5）输入圆的半径50，完成正五边形的绘制。

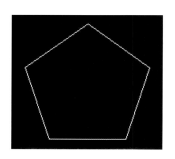

（6）打开端点捕捉，应用直线命令连接正五边形的每隔一个端点的两个端点。

图例完成，效果如图3-6所示。保存图例。

◆技巧点拨

正多边形的绘制，注意内接于圆和外切于圆的区别。如下图所示：

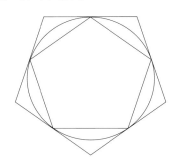

◆心得体会

【多边形】命令是 AutoCAD 最基本的命令，也是学习 AutoCAD 的基础。

◆实训作业

比较用直线直接绘制五角星和用多边形绘制的区别。用【多边形】命令绘制正六边形窗口。

练习5 多段线的应用

◆图例说明

应用多段线 ⤵ 命令绘制指示箭头。

本图例是 AutoCAD 最基本命令的应用，其最后效果如图3-7所示。

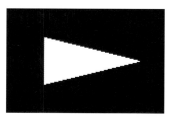

图3-7

◆设计思路

本图例主要是运用了多段线 ⤵ 工具来完成

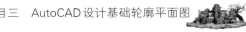

的。这个工具是 AutoCAD 最基本的工具，也是最常用的工具。

◆绘制步骤

（1）启动 AutoCAD 2004。

（2）打开正交

| 捕捉 | 栅格 | 正交 | 极轴 | 对象捕捉 | 对象追踪 | 线宽 | 模型 |

（3）单击多段线命令按钮 ↵。

（4）命令行提示：

```
命令：_pline
指定起点：
```

在屏幕上任意指定起点。

（5）命令行提示：

```
当前线宽为 0.0000
指定下一个点或 [圆弧(A)/半宽(H)/长度(L)/放弃(U)/宽度(W)]：
```

输入 w，回车。

（6）输入起点宽度 10，端点宽度 0，回车。

```
指定起点宽度 <0.0000>：10
指定端点宽度 <10.0000>：0
指定下一个点或 [圆弧(A)/半宽(H)/长度(L)/放弃(U)/宽度(W)]：
```

（7）输入多段线长度 20，回车。

图例完成，效果如图 3-7 所示。保存图例。

◆技巧点拨

本例利用多段线绘制指示箭头。但更多的时候，多段线常被用来绘制各种规划、园林要素的边界。多段线还可以把直线段和圆弧在一个对象中绘制，在后面会有介绍。

◆心得体会

【多段线】命令是 AutoCAD 最基本的命令，也是学习 AutoCAD 的基础。

◆实训作业

利用【多段线】命令绘制 A3 图框。

练习6　椭圆和圆弧的应用

◆图例说明

应用椭圆 ⬭ 和圆弧 ⌒ 命令绘制眼镜。本图例是 AutoCAD 常用命令的综合应用，其最后效果如图 3-8 所示。

图 3-8

◆设计思路

本图例主要是运用了椭圆 ⬭ 和圆弧 ⌒ 工具来完成的。这个工具是 AutoCAD 最基本的工具，也是最常用的工具。

◆绘制步骤

（1）启动 AutoCAD 2004。

（2）单击椭圆命令按钮 ⬭。

（3）命令行提示：

```
指定椭圆的轴端点或 [圆弧(A)/中心点(C)]：
```

在屏幕上任意指定轴端点。

（4）命令行提示：

```
指定轴的另一个端点：@100,0
```

输入 @100，0，回车。

（5）命令行提示：

```
指定轴的另一个端点：@100,0
指定另一条半轴长度或 [旋转(R)]：
```

输入 30，回车。完成一个椭圆绘制。

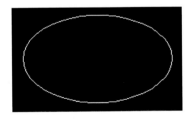

（6）打开正交

| 捕捉 | 栅格 | 正交 | 极轴 | 对象捕捉 | 对象追踪 | 线宽 | 模型 |

（7）点击复制按钮 ⬚，选择刚才绘制的椭圆，回车。

（8）命令行提示：

```
指定基点或位移，或者 [重复(M)]：
```

点取象限点。

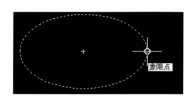

（9）命令行提示：

指定基点或位移，或者 [重复(M)]：指定位移的第二点或〈用第一点作位移〉：130

输入位移距离为130，回车。

（10）单击圆弧命令按钮 ⌒，命令行提示：

命令：_arc 指定圆弧的起点或 [圆心(C)]：

起点选取第一个椭圆的右象限点。

（11）命令行提示：

指定圆弧的第二个点或 [圆心(C)/端点(E)]：
指定圆弧的端点：

在两个椭圆中间点击第二点，点击另一个椭圆的左象限点为圆弧的端点。

（12）关闭正交

捕捉 栅格 正交 极轴 对象捕捉 对象追踪 线宽 模型

（13）单击多段线命令按钮 ⌐，第一点点击左椭圆的左象限点。

（14）命令行提示：

当前线宽为 0.0000
指定下一个点或 [圆弧(A)/半宽(H)/长度(L)/放弃(U)/宽度(W)]：@120<50

指定下一点或 [圆弧(A)/闭合(C)/半宽(H)/长度(L)/放弃(U)/宽度(W)]：

输入@120<50，回车。

（15）输入A，回车。指定圆弧的端点，回车。

（16）使用复制按钮 ❀ 完成另一条眼镜腿的绘制。

图例完成，效果如图3-8所示。保存图例。

◆技巧点拨

本例综合利用了椭圆、圆弧、多段线、复制命令绘制眼镜。除了使用复制来绘制重复对象外，还可以用镜像来绘制。

◆心得体会

【椭圆】、【椭圆弧】命令是AutoCAD最基本的命令，也是学习AutoCAD的基础。

◆实训作业

利用【圆弧】和【多段线】命令绘制拱门立面。

练习7 多线的应用

◆图例说明

应用多线命令MLINE绘制墙体线，其最后效果如图3-9所示。

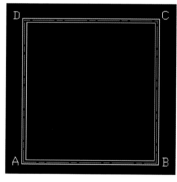

图3-9

◆设计思路

本图例主要是运用了多线样式的设置、线型比例的设置、多线的绘制等命令绘制。

◆绘制步骤

（1）启动AutoCAD 2004。

（2）先设置多线样式，点取格式——多线样式，打开多线样式对话框，在名称栏中输入多线样式为"wall",单击添加按钮。

（3）单击元素特性按钮，在弹出的对话框中单击"添加"按钮，在0偏移位置增加一平行线，将其设为红色，线型为"ACAD_ISO08W100"。

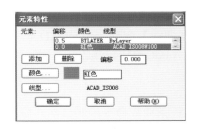

（4）点取确定按钮回到多线样式对话框。在多线样式对话框可以看到"wall"的预览，单击确定，结束设置。

（5）在菜单中点取格式——线型，在线型管理器中将全局比例因子设为50，按确定按钮。

（6）输入多线命令MLINE，输入s，设置多线比例为240。

（7）输入st，设置多线式样名为wall。

（8）绘制多线第一点A，开启正交。

（9）控制好光标方向，依次输入B、C、D

点相对坐标：7100、7800、7100，输入c，闭合。

```
指定下一点: 7100
指定下一点或 [放弃(U)]: 7800
指定下一点或 [闭合(C)/放弃(U)]: 7100
指定下一点或 [闭合(C)/放弃(U)]: c
命令:
```

图例完成，效果如图3-9所示。保存图例。

◆技巧点拨

多线命令多用于建筑图纸的绘制，绘制墙线。在园林制图中，可以应用于道路。

◆心得体会

【多线】命令是AutoCAD常用的命令，也是学习AutoCAD的基础。

◆实训作业

利用【多线】命令MLINE绘制多彩画框、交叉的园路等图形。

练习8 样条曲线的应用

◆图例说明

应用样条曲线命令～绘制飘扬的旗帜。本图例同时应用前面所学命令，其最后效果如图3-10所示。

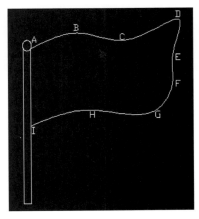

图3-10

◆设计思路

本图例主要是运用了直线工具、椭圆工具与样条曲线工具来完成的。

◆绘制步骤

（1）启动 AutoCAD 2004。

（2）先应用直线工具、椭圆工具绘制好旗杆，如下图。

（3）单击样条曲线命令按钮 ～ 。

（4）命令行提示：

```
命令:
命令: _spline
指定第一个点或 [对象(O)]:
```

用鼠标依次点取 A、B、C、D、E、F、G、H、I，按回车键。

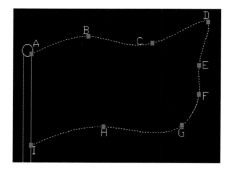

（5）命令行提示：

```
指定下一点或 [闭合(C)/拟合公差(F)] <起点切向>:
指定下一点或 [闭合(C)/拟合公差(F)] <起点切向>:
指定起点切向:
```

移动光标，控制曲线 A 点弯曲度，点击左键。

```
指定下一点或 [闭合(C)/拟合公差(F)] <起点切向>:
指定起点切向:
指定端点切向:
```

移动光标，控制曲线 I 点弯曲度，点击左键。

图例完成，效果如图3-10所示。保存图例。

◆技巧点拨

样条曲线命令是园林制图中常用的命令。绘图时注意控制曲线的弯曲度，通过光标控制与起点的切向方向来控制弯曲度。

◆心得体会

【样条曲线】命令是 AutoCAD 常用的命令，也是学习 AutoCAD 的基础。

◆实训作业

应用样条曲线命令绘制自然式园路、山体等高线等图形。

练习9　云线的应用

◆图例说明

应用修订云线命令 绘制灌木丛。其最后效果如图3-11所示。

图3-11

本图例主要是运用修订云线命令来完成的。

◆绘制步骤

（1）启动 AutoCAD 2004。

（2）点击修订云线命令 ，或者在命令行输入 revcloud。

```
命令: _revcloud
最小弧长: 15   最大弧长: 15
指定起点或 [弧长(A)/对象(O)] <对象>:
```

（3）输入 a，修改最小弧长为5，最大弧长为10。

（4）命令行提示：

```
指定起点或 [弧长(A)/对象(O)] <对象>: a
指定最小弧长 <15>: 5
指定最大弧长 <5>: 10
指定起点或 [对象(O)] <对象>:
```

用鼠标在屏幕上移动，沿云线路径引导十字光标，绘出灌木丛的边线。

图例完成，效果如图3-11所示。保存图例。

◆技巧点拨

最小弧长和最大弧长可设置为相同值，这样绘制的云线如下图所示。

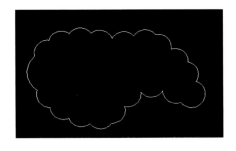

◆心得体会

【云线】命令是AutoCAD常用的命令，也是学习AutoCAD的基础，常常用来绘制灌木丛。

◆实训作业

应用云线命令绘制云彩或灌木丛。

练习10　点的应用

◆图例说明

应用定数等分命令divide或者定距等分命令measure绘制园路两侧的树木。其最后效果如图3-12所示。

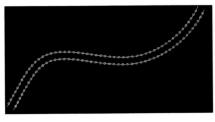

图3-12

◆设计思路

本图例主要是运用定距等分命令measure来完成的。命令measure在绘制园路两侧等距

种植的树木时是经常使用的。

◆绘制步骤

（1）启动AutoCAD 2004。

（2）先应用前面学习的样条曲线命令绘制一条8m宽的自然式园路。

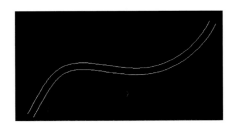

（3）点击菜单：绘图—点—定距等分，或者在命令行输入measure。

```
命令：measure
选择要定距等分的对象：
```

（4）选择一条道路缘石线，输入b，回车（创建块的命令后面介绍，目前应用已创建好的树块）。

（5）输入树块的名称shu，回车。

（6）默认对齐块和对象，回车。

```
命令：measure
选择要定距等分的对象：
指定线段长度或 [块(B)]：b
输入要插入的块名：shu
是否对齐块和对象？[是(Y)/否(N)] <Y>：
指定线段长度：
```

（7）制定定距等分线段的长度为5，回车。也就是每隔5m种一棵树。

```
MEASURE
选择要定距等分的对象：
指定线段长度或 [块(B)]：b
输入要插入的块名：shu
是否对齐块和对象？[是(Y)/否(N)] <Y>：
指定线段长度：5
```

图例完成，效果如图3-12所示。保存图例。

◆技巧点拨

可以定数等分的对象包括圆弧、圆、椭圆、椭圆弧、多段线和样条曲线。

◆心得体会

定距等分命令是AutoCAD常用的命令，也是学习AutoCAD的基础。

◆实训作业

应用定数等分命令divide绘制园路两侧的路灯。

练习11　图案填充的应用

◆图例说明

在绘制好的旗帜轮廓的基础上应用填充命令填充旗帜。其最后效果如图3-13所示。

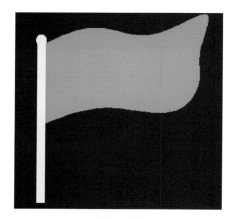

图3-13

◆设计思路

本图例在前面学习过的样条曲线工具绘制好的旗帜的基础上应用填充命令填充旗帜。

◆绘制步骤

（1）启动AutoCAD 2004。

（2）打开前面绘制好的旗帜。

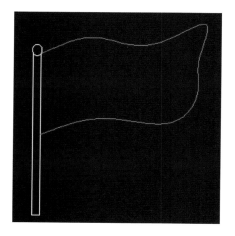

（3）单击填充命令。弹出"边界图案填充"对话框。

（4）在图案类型里选择solid，样例里选择红色。

（5）通过拾取点或者选择对象的方式选择要填充的对象，我们用拾取点的方式在旗帜中点选。

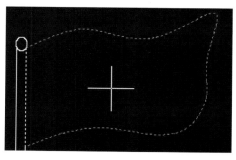

命令行提示：

选择内部点：正在选择所有对象……
正在选择所有可见对象……
正在分析所选数据……
正在分析内部孤岛……
选择内部点：

（6）回车，点击确定，完成填充。

（7）同理完成旗杆的填充。图例完成，效果如图3-13所示。保存图例。

◆技巧点拨

为了让填充图案更丰富、真实，可以使用渐变色填充。

填充结果如下图所示。

◆心得体会

【图案填充】命令是AutoCAD常用的命令，也是学习AutoCAD的基础。

◆实训作业

利用填充命令完成交通信号灯、地面铺装等的填充。

练习12　块的创建、插入应用

◆图例说明

应用创建块命令按钮 🖫 创建一个树的块。其最后效果如图3-14所示，应用插入块命令 🖫 插入树块。

图3-14

◆设计思路

本图例在综合应用前面学习过的工具的基础上运用了创建块和插入块命令。

◆绘制步骤

（1）启动AutoCAD 2004。

（2）综合应用前面学习过的工具绘制一株植物的平面图。

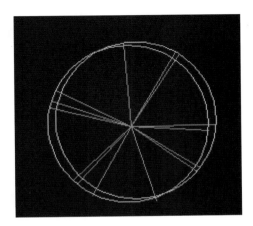

（3）单击创建块命令按钮 🖫。弹出"块定义"对话框。

（4）输入块的名字为shu，点击选择对象，选择整个树，基点选择树的中心。点击确定。

（5）树块创建成功。图例完成，效果如图3-14所示。保存图例。

（6）应用插入块命令 插入树块。

（7）点击统一比例，可以设定缩放比例为0.5。单击确定。

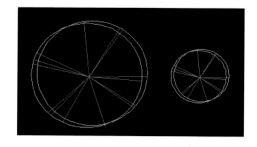

◆技巧点拨

利用图块的创建命令（BLOCK）创建的图块，只存在于当前文件中，如果要在其他文件中使用该块，可以用（WBLOCK）命令，它将图块保存为独立文件，可以被其他图形文件引用。

◆心得体会

【创建块】、【插入块】命令是AutoCAD最常用的命令，在种植设计中，常常进行的树的块创建和块插入，图纸的会签栏往往也被创建成块后，插入使用。

◆实训作业

利用【创建块】、【插入块】命令创建指北针的块，并插入。

实训练习二　图形编辑命令的使用

常用的基本绘图命令在绘图工具栏中，如图3-15所示。

图3-15

练习1　改变对象位置

1.移动命令的应用

◆ 图例说明

应用移动 ✛ 命令进行植物图例的移动。

本图例是AutoCAD最基本命令的应用，使用【移动】命令可以把植物图例对象移动到另一图例旁。如图3-16所示。

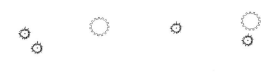

图3-16

◆ 设计思路

本图例主要是运用了移动命令来完成的。这个工具是AutoCAD最基本的编辑工具，也是最常用的工具，掌握好它们的使用对于以后图例的移动有很大的帮助。

◆ 绘制步骤

（1）启动AutoCAD 2004。

（2）单击移动命令按钮 ✛ 。

（3）命令行提示：

```
MOVE
选择对象：
```

选择需要移动的植物图例，选择完毕后单击鼠标右键退出选择对象。

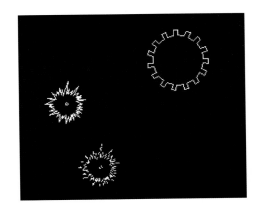

（4）命令行提示：

```
选择对象：
指定基点或 [位移(D)] <位移>：
```

选择需移动的植物图例的圆心作为基点。

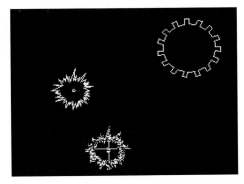

（5）命令行提示：

```
选择对象：
指定基点或 [位移(D)] <位移>：　指定第二个点或 <使用第一个点作为位移>：
```

以需靠近的图例旁的位置为目标点，选择完毕后单击鼠标的左键即可完成移动图形对象。

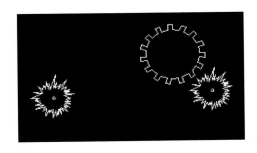

◆ 技巧点拨

移动命令可以使用以下3种方法启动：

（1）在命令提示符下键入MOVE（简写：M）并回车。

（2）选择【修改】/【移动】选项。

（3）单击【绘图】工具栏上的【移动】按钮。

主要选项含义：

【基点】：指移动的起始点。

【指定位移的第二点】：指对象移动的目标点。

◆ 心得体会

【移动】命令是AutoCAD最基本的编辑命令，利用该命令可进行图例的移动。

◆实训作业

利用【移动】命令将小圆移到大圆中，如图3-17所示。

图3-17

2.旋转命令的应用

◆图例说明

应用旋转命令 ↻ 将长方形旋转一定位置。本图例是AutoCAD最基本命令的应用，使用【旋转】命令可以把图形转到任意角度。其最后效果如图3-18所示。

图3-18

◆设计思路

本图例主要是运用了旋转命令来完成的。这个工具是AutoCAD最基本的编辑工具，也是最常用的工具，掌握好其使用对于以后图例的方向的改变有很大的帮助。

◆绘制步骤

（1）启动AutoCAD 2004。

（2）用矩形命令及文字命令绘制长方形并在四个角分别标注A、B。

（3）单击旋转命令按钮 ↻。

（4）命令行提示：

```
UCS 当前的正角方向:  ANGDIR=逆时针  ANGBASE=0
选择对象:
```

选择长方形及A、B、C、D四字，选择完毕后单击鼠标右键退出选择对象。

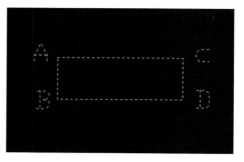

命令行提示：

```
选择对象:
指定基点:
```

选择D点作为旋转基点。

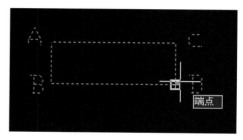

（5）命令行提示：

```
指定基点:
指定旋转角度, 或 [复制(C)/参照(R)] <318>:
```

利用鼠标指定旋转角度后，单击鼠标的左键即可完成图形方向的改变。

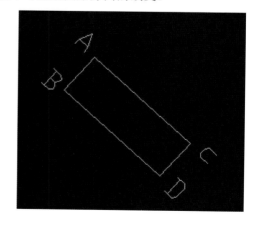

◆技巧点拨

旋转命令可以使用以下3种方法启动：

（1）在命令提示符下键入ROTATE（简写：RO）并回车。

（2）选择【修改】/【旋转】选项。

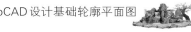

（3）单击【绘图】工具栏上的【旋转】按钮。
主要选项含义：

【指定基点】：指定对象旋转的中心点。

【指定参考角】：如果采用参考方式，可指定旋转的起始角度。

【指定新角度】：指定旋转的目标角度。

在CAD中，旋转角度有正、负之分。当输入的角度为正值时，则图形对象沿逆时针方向旋转；输入的角度为负值时，则图形对象沿顺时针方向旋转。

◆ 心得体会

【旋转】命令是AutoCAD最基本的编辑命令，利用该命令可使图形的方向发生改变。

◆ 实训作业

利用【旋转】命令将花坛的方向进行改变，如图3-19所示。

图3-19

练习2 复制对象

1.复制命令的应用

◆ 图例说明

应用复制命令 ❀ 绘制行道树种植。

本图例是AutoCAD最基本编辑命令的应用，使用【复制】命令绘制行道树。其最后效果如图3-20所示。

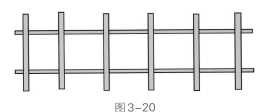

图3-20

本图例主要是运用复制命令来完成的。这个工具是AutoCAD最基本的编辑工具，掌握好其使用对于提高绘图速度有很大的帮助。

◆ 绘制步骤

（1）启动AutoCAD 2004。

（2）利用矩形命令绘制一根长的水平花架支架并填充实心图案。

（3）单击复制命令按钮 ❀ 。
命令行提示：

```
COPY
选择对象：
```

选择长形花架，选择完毕后单击鼠标右键退出选择对象。

（4）命令行提示：

```
选择对象：
指定基点或 [位移(D)] <位移>：
```

选择长方形内的任意一点作为基点。

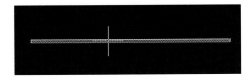

（5）命令行提示：

```
选择对象：
指定基点或 [位移(D)] <位移>：  指定第二个点或 <使用第一个点作为位移>：
```

将复制的花架条放在下方合适位置，选择完毕后单击鼠标的左键即可完成图形复制。

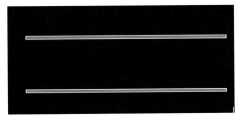

（6）用矩形命令绘制一根竖直的花架条，并填充实心图案。

（7）单击复制命令按钮 。

命令行提示：

```
COPY
选择对象：
```

选择竖直花架，选择完毕后单击鼠标右键退出选择对象。

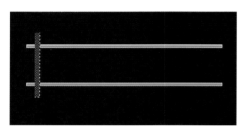

（8）命令行提示：

```
选择对象：
指定基点或 [位移(D)] <位移>：
```

选择长方形内的任意一点作为基点。

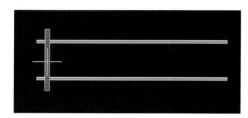

（9）命令行提示：

```
选择对象：
指定基点或 [位移(D)] <位移>：指定第二个点或 <使用第一个点作为位移>：
```

将花架条向右放置在合适位置。

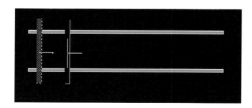

（10）命令行提示：

```
指定基点或 [位移(D)] <位移>：指定第二个点或 <使用第一个点作为位移>：
指定第二个点或 [退出(E)/放弃(U)] <退出>：
```

继续将花架复制到所需位置，进行多个复制后，单击鼠标的左键即可完成图形复制。

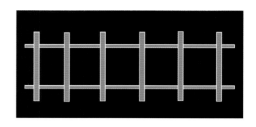

◆技巧点拨

（1）复制命令可以使用以下3种方法启动：

①在命令提示符下键入COPY（简写：CO）并回车。

②选择【修改】/【复制】选项。

③单击【绘图】工具栏上的【复制】按钮。

主要选项含义：

【基点】：指对象复制的起始点。

【指定位移的第二点】：指定第二点来确定位移。

（2）用copy命令作精确复制时，应尽量配合对象捕捉功能与相对坐标输入方式来给定基点或复制位移。

（3）当要进行有规则性的大批量无规则的复制时，可使用copy命令下的"重复（M）"选项。

◆心得体会

【复制】命令是AutoCAD最基本的编辑命令，利用该命令可提高绘图速度。

◆实训作业

利用【复制】命令进行行道树栽植，如图3-21所示。

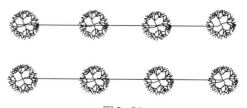

图3-21

2.镜像命令的应用

◆图例说明

应用镜像命令 进叶片绘制。

本图例是AutoCAD最基本编辑命令的应用，使用【镜像】命令绘制叶片。其最后效果如图3-22所示。

图3-22

本图例主要是运用镜像命令来完成的。这个工具是AutoCAD最基本的编辑工具，掌握好其使用对于提高绘图速度有很大的帮助。

◆绘制步骤

（1）启动AutoCAD 2004。

（2）利用直线命令、多样线命绘制叶片的部分轮廓。

（3）单击镜像命令按钮 ◭。

命令行提示：

```
命令：_mirror
选择对象：
```

选择叶片轮廓，选择完毕后单击鼠标右键退出选择对象。

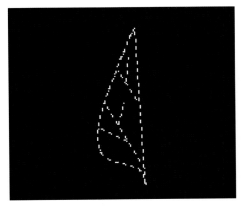

（4）命令行提示：

```
选择对象：
指定镜像线的第一点：
```

选择叶片直线下端的任意一点作为镜像对称的起点。

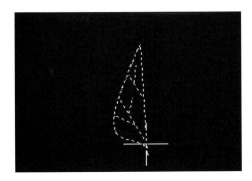

（5）命令行提示：

```
选择对象：
指定镜像线的第一点：指定镜像线的第二点：
```

选择叶片直线上端的任意一点作为镜像对称的终点。

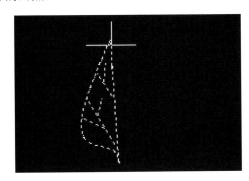

（6）命令行提示：

```
指定镜像线的第一点：指定镜像线的第二点：
要删除源对象吗？[是(Y)/否(N)] <N>：
```

按回车键结束即可。

◆技巧点拨

（1）镜像命令可以使用以下3种方法启动：

① 在命令提示符下键入MIRROR（简写：MI）并回车。

② 选择【修改】/【镜像】选项。

③ 单击【绘图】工具栏上的【镜像】按钮。

（2）镜像线可以选择已知物体上的点，也可以直接绘制两点。镜像线必须通过两点来确定，不能直接选取直线。

当镜像线与物体的一边重叠时，切记不能选取该边作镜像，否则会导致该边重复。

（3）镜像命令除了镜像图形对象外还可以镜像文本，但镜像文本时应该注意文本文字的顺序。文本文字顺序对称则称为【全部镜像】，文本文字不发生改变被称为【部分镜像】。在【命令】提示符下键入"MIRRTEXT"即可改变文本镜像的系统设置。当参数为1时文本全部镜像，当参数为0时文本部分镜像。

◆心得体会

【镜像】命令是AutoCAD最基本的编辑命令，该命令一般用于对称图形，可以只绘制其中的1/2甚至1/4，然后采用镜像命令来产生其他对称部分。

◆实训作业

利用【镜像】命令绘制地板格图案，如图3-23所示。

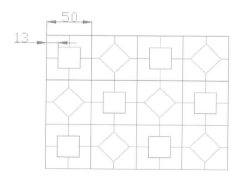

图3-23

3.阵列命令的应用

◆图例说明

应用阵列命令 ⊞ 进行环形花架绘制。

本图例是AutoCAD最基本编辑命令的应用，使用【阵列】命令绘制花架绘制。其最后效果如图3-24所示。

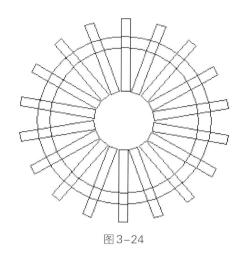

图3-24

◆设计思路

本图例主要是运用阵列命令来完成的。这个工具是AutoCAD最基本的编辑工具，掌握好其使用对于提高绘图速度有很大的帮助。

◆绘制步骤

（1）启动AutoCAD 2004。

（2）用圆及捕捉工具命令绘制三个同心圆。

（3）用矩形命令绘制一个花架条，并放到合适位置。

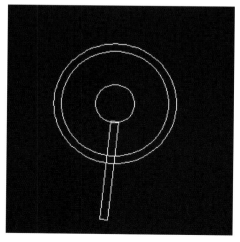

（4）单击阵列命令按钮 ⊞ 。出现阵列对话框：

选取环形陈列，在【项目总数】中输入"18"，在【填充角度】中输入"360"，选取花架条，捕捉圆心为阵列中心点，如图3-25所示。单击确定。

图3-25

（5）对话框提示：

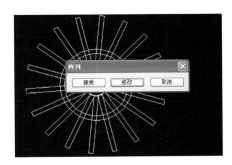

选择接受，结束即可。

◆**技巧点拨**

（1）在作矩形阵列时，阵列的间距有正有负，要根据阵列的结果相对于被阵列的物体的左右、上下方向的相对位置来确定正负。

（2）在作环形阵列时，输入的角度为正值，则沿逆时针方向旋转复制；输入的角度为负值，则沿顺时针方向旋转复制。

◆**心得体会**

【阵列】命令是AutoCAD最基本的编辑命令，使用阵列命令可以快捷、精确绘制有规律分布的图形实体。

◆**实训作业**

利用【阵列】命令绘制雪花图案，如图3-26所示。

图3-26

4.偏移命令的应用

◆**图例说明**

应用偏移命令 进行运动场绘制。

本图例是AutoCAD最基本编辑命令的应用。使用【偏移】命令绘制运动场，其最后效果如图3-27所示。

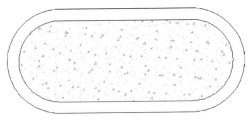

图3-27

◆设计思路

本图例主要是运用了偏移及填充命令来完成的。这两个工具是AutoCAD最基本的绘图、编辑工具，掌握好其使用对于提高绘图速度有很大的帮助。

◆绘制步骤

（1）启动AutoCAD 2004。

（2）利用多样线命令绘制足球场外围轮廓。

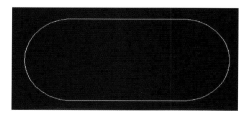

（3）单击偏移命令按钮 。

命令行提示：

当前设置：删除源=否　图层=源　OFFSETGAPTYPE=0
指定偏移距离或 [通过(T)/删除(E)/图层(L)] <10.0000>:

输入偏移距离"30"，回车结束。

（4）命令行提示：

指定偏移距离或 [通过(T)/删除(E)/图层(L)] <10.0000>: 30
选择要偏移的对象，或 [退出(E)/放弃(U)] <退出>:

选择足球场外围轮廓。

（5）命令行提示：

选择要偏移的对象，或 [退出(E)/放弃(U)] <退出>:
指定要偏移的那一侧上的点，或 [退出(E)/多个(M)/放弃(U)] <退出>:

鼠标确定偏移方向，点击左键结束。

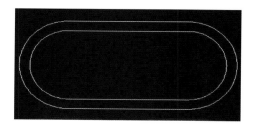

（6）单击填充命令按钮，对场内草坪进行填充即可。

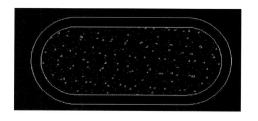

◆技巧点拨

（1）希望一次性将多条首尾相连的线段与弧线作平行复制时，可先用pedit命令将其编辑成一条多段线，再用offset进行整体偏移。

（2）若偏移值相同，可以一次性偏移下去。

（3）偏移后的物体与被偏移的物体具有同样的线型与颜色，可在图层里进行统一修改。

◆心得体会

【偏移】命令是AutoCAD最基本的编辑命令，该命令可对所选取的线形对象复制其轮廓。

◆实训作业

利用【偏移】、【阵列】、【镜像】命令绘制雪花图案，如图3-28所示。

图3-28

练习3　改变对象尺寸

1.比例缩放命令的应用

◆图例说明

应用比例缩放命令 进行植物图例大小

的缩放。

　　本图例是AutoCAD最基本编辑命令的应用，使用【比例缩放】命令进行植物图例大小的缩放。其最后效果如图3-29所示。

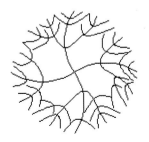　

图3-29

◆设计思路

　　本图例主要是运用比例缩放命令来完成的。比例缩放工具是AutoCAD最基本的绘图、编辑工具，掌握好其使用对于提高绘图速度有很大的帮助。

◆绘制步骤

（1）启动AutoCAD 2004。
（2）插入植物图例图块并对其复制。

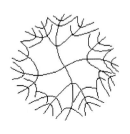　

（3）单击比例缩放命令按钮□。
命令行提示：

```
命令: _scale
选择对象:
```

选中一图例，回车结束。

　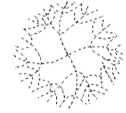

（4）命令行提示：

```
选择对象:
指定基点:
```

选择被选中图例的圆心作为基点。

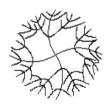　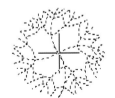

（5）命令行提示：

```
指定基点:
指定比例因子或 [复制(C)/参照(R)] <1.0000>:
```

键盘输入比例因子0.5，回车结束即可。

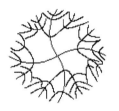　

◆技巧点拨

　　（1）通常将实体的实际长度或实体上某两个特殊点之间的长度定义为参考长度。
　　（2）缩放比例因子可以是小数，即缩小到原图的百分之几。
　　（3）缩放基点最好锁定在图形的适当处，以免图形缩放时产生较大的位移。

◆心得体会

　　【比例缩放】命令是AutoCAD最基本的编辑命令，该命令可对所选取的图形大小进行调整。

◆实训作业

　　将植物图例进行放大至合适大小。

2.拉伸命令的应用

◆ 图例说明

应用拉伸命令  将长方形花坛加长。

本图例是AutoCAD最基本编辑命令的应用，使用【拉伸】命令将长方形花坛加长。其最后效果如图3-30所示。

图3-30

◆ 设计思路

本图例主要是运用拉伸命令来完成的。拉伸工具是AutoCAD最基本的绘图、编辑工具，掌握好其使用对于提高绘图速度有很大的帮助。

◆ 绘制步骤

（1）启动AutoCAD 2004。

（2）绘制长方形花坛。

（3）单击比例缩放命令按钮 。

命令行提示：

```
以交叉窗口或交叉多边形选择要拉伸的对象...
选择对象：
```

选中对象，回车结束。

（4）命令行提示：

```
选择对象：
指定基点或 [位移(D)] <位移>：
```

选择图例上任意一点作为基点。

（5）命令行提示：

```
指定基点或 [位移(D)] <位移>：
指定第二个点或 <使用第一个点作为位移>：
```

选择合适位置确定第二点即完成图形拉伸。

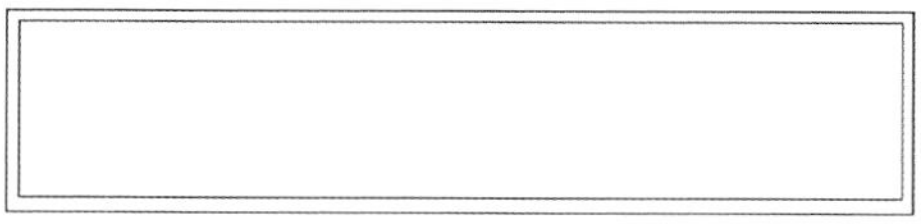

◆ 技巧点拨

（1）使用此命令，必须用交叉窗口或交叉多边形选择方式来选取图形。

（2）选择图形时，若完全把物体包含在内，则发生移动；与窗口相交的物体执行拉伸；完全在窗口外的物体保持原位不变。

（3）对于圆弧段在拉伸变形的过程中保持弦高不变。

（4）对于圆或文本，圆心或文本的基点在窗口内，则圆或文本移动；若在窗口外，圆或文本保持原位不变。

（5）拉伸一个已标注有关联性尺寸的图形时，一旦拉伸操作完成，其尺寸标注会做自动修改。

◆ 心得体会

【拉伸】命令是AutoCAD最基本的编辑命令，该命令可对所选取的图形进行拉伸和压缩。

◆ 实训作业

将矩形拉伸为不等边四边形。

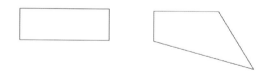

练习4　图形修改

1.延伸命令的应用

◆图例说明

应用延伸命令 ⌐╱ 将圆弧进行延伸。

本图例是AutoCAD最基本编辑命令的应用，使用【延伸】命令将圆弧进行延伸。其最后效果如图3-31所示。

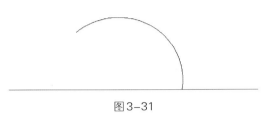

图3-31

◆设计思路

本图例主要是运用延伸命令来完成的。延伸工具是AutoCAD最基本的绘图、编辑工具，掌握好其使用对于提高绘图速度有很大的帮助。

◆绘制步骤

（1）启动AutoCAD 2004。
（2）绘制弧形和直线。

（3）单击延伸命令按钮 ⌐╱ 。
命令行提示：

```
选择边界的边...
选择对象或 <全部选择>:
```

选中对象回车结束。

（4）命令行提示：

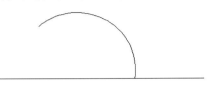

选择要延伸的弧形，回车结束即可。

◆技巧点拨

（1）对一个有关联的尺寸标注执行"延伸"命令后，尺寸会自动修改。

（2）要延伸哪一端，鼠标在选择对象时就单击那一端。

（3）用"延伸"命令延伸具有一定宽度的多段线，当边界与多段线的中心线不垂直时，宽多段线会超出边界，只到其中心到达边界为止。

◆心得体会

【延伸】命令是AutoCAD最基本的编辑命令，该命令可对所选取的图形进行延伸。

◆实训作业

将直线延伸至与另一直线相交。

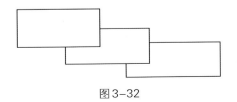

2.修剪命令的应用

◆图例说明

应用修剪命令 ⌐╱ 将图形进行修剪。

本图例是AutoCAD最基本编辑命令的应用，使用【修剪】命令将灌木丛进行修剪。其最后效果如图3-32所示。

图3-32

◆ 设计思路

本图例主要是运用修剪命令来完成的。修剪工具是AutoCAD最基本的绘图、编辑工具，掌握好其使用对于提高绘图速度有很大的帮助。

◆ 绘制步骤

（1）启动AutoCAD 2004。

（2）绘制三个长方形。

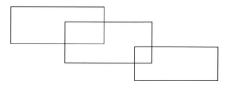

（3）单击修剪命令按钮 ⊢ 。

命令行提示：

```
选择剪切边...
选择对象或 <全部选择>：
```

选中对象回车结束。

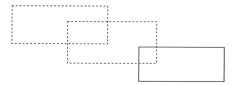

（4）命令行提示：

```
选择要修剪的对象，或按住 Shift 键选择要延伸的对象，或
[栏选(F)/窗交(C)/投影(P)/边(E)/删除(R)/放弃(U)]：
```

选择要修剪的对象，回车结束即可。

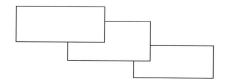

◆ 技巧点拨

（1）使用Trim命令修剪实体，第一次选择对象是选择剪切边界，第二次选择的才是被剪对象。

（2）图块和外部引用均不能作为剪切边界和被剪实体。

（3）使用Trim命令可以剪切尺寸标注线，并会自动更新尺寸标注文本，但尺寸标注不能作为剪切边界。

（4）平行线、区域填充、单行文本、多行文本均可作为剪切边界，但不能作为被剪切实体。

（5）修剪常用的几种方法：

① 将修剪边界和修剪对象一起选中，此时修剪边界和对象都可执行修剪。

② 只选择要修剪的边界，再用鼠标点取要修剪的对象（针对少数图形）。

③ 只选择要修剪的边界，再在"选择要修剪的对象"提示语后输入"F"，用鼠标拖出一条线，只要与这条线相交且与修剪边界有交点的都会被修剪。

◆ 心得体会

【修剪】命令是AutoCAD最基本的编辑命令，该命令可对组合图形进行修剪。

◆ 实训作业

花架的绘制。

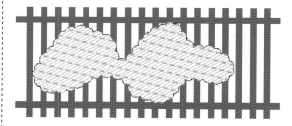

花架平面图

3.圆角命令的应用

◆ 图例说明

应用圆角命令 ⌐ 进行花坛轮廓造型。

本图例是AutoCAD最基本编辑命令的应用，使用【圆角】命令进行花坛轮廓造型。其最后效果如图3-33所示。

图3-33

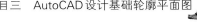

◆设计思路

本图例主要是运用圆角命令来完成的。圆角工具是AutoCAD最基本的绘图、编辑工具，掌握好其使用对于提高绘图速度有很大的帮助。

◆绘制步骤

（1）启动AutoCAD 2004。

（2）绘制一个长方形。

（3）单击圆角命令按钮 。

命令行提示：

```
当前设置：模式 = 修剪，半径 = 80.0000
选择第一个对象或 [放弃(U)/多段线(P)/半径(R)/修剪(T)/多个(M)]：
```

键盘输入R，回车结束。

（4）命令行提示：

```
选择第一个对象或 [放弃(U)/多段线(P)/半径(R)/修剪(T)/多个(M)]：r
指定圆角半径 <0.0000>：
```

键盘输入80，回车结束。

（5）命令行提示：

```
指定圆角半径 <80.0000>：80
选择第一个对象或 [放弃(U)/多段线(P)/半径(R)/修剪(T)/多个(M)]：
```

键盘输入M，回车结束。

```
选择第一个对象或 [放弃(U)/多段线(P)/半径(R)/修剪(T)/多个(M)]：m
选择第一个对象或 [放弃(U)/多段线(P)/半径(R)/修剪(T)/多个(M)]：
```

选中第一个对象。

（6）命令行提示：

```
选择第一个对象或 [放弃(U)/多段线(P)/半径(R)/修剪(T)/多个(M)]：
选择第二个对象，或按住 Shift 键选择要应用角点的对象：
```

选中第二个对象。

（7）命令行提示：

```
选择第二个对象，或按住 Shift 键选择要应用角点的对象：
选择第一个对象或 [放弃(U)/多段线(P)/半径(R)/修剪(T)/多个(M)]：
```

重复（5）、（6）动作即可得圆角花坛轮廓。

◆技巧点拨

（1）在圆角时，若圆角半径为0，则CAD将延伸或修剪两个所选实体，使之形成一个直线角。

（2）若半径太大，则CAD将无法对两实体进行圆角。

（3）两平行线可以进行圆角，CAD将自动在其端点画一个半圆且半圆直径为平行线垂直距离。

（4）单击线或圆弧的哪一端，就以那个端点为对象来进行圆角。

◆心得体会

【圆角】命令是AutoCAD最基本的编辑命令，该命令可对图形进行修改。

◆实训作业

广场十字路口的绘制。

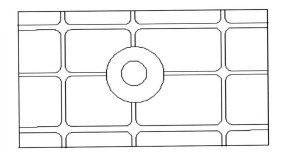

4.倒角命令的应用

◆ 图例说明

应用倒角命令 └ 进行有倒角的方形花坛轮廓造型。

本图例是 AutoCAD 最基本编辑命令的应用，使用【倒角】命令进行花坛轮廓造型。其最后效果如图3-34所示。

图3-34

◆ 设计思路

本图例主要是运用了倒角命令来完成的。倒角工具是 AutoCAD 最基本的绘图、编辑工具，掌握好其使用对于提高绘图速度有很大的帮助。

◆ 绘制步骤

（1）启动 AutoCAD 2004。
（2）绘制一个长方形。

（3）单击倒角命令按钮 └ 。
命令行提示：

```
["修剪"模式] 当前倒角长度 = 80.0000，角度 = 40
选择第一条直线或 [放弃(U)/多段线(P)/距离(D)/角度(A)/修剪(T)/方式(E)/多个(M)]:
```

键盘输入 A，回车结束。
（4）命令行提示：

```
选择第一条直线或 [放弃(U)/多段线(P)/距离(D)/角度(A)/修剪(T)/方式(E)/多个(M)]: a
指定第一条直线的倒角长度 <0.0000>:
```

键盘输入 30，回车结束。
（5）命令行提示：

```
指定第一条直线的倒角长度 <0.0000>: 30
指定第一条直线的倒角角度 <80>:
```

键盘输入 60，回车结束。

```
指定第一条直线的倒角角度 <80>: 60
选择第一条直线或 [放弃(U)/多段线(P)/距离(D)/角度(A)/修剪(T)/方式(E)/多个(M)]:
```

选中第一条直线。

（6）命令行提示：

```
选择第一条直线或 [放弃(U)/多段线(P)/距离(D)/角度(A)/修剪(T)/方式(E)/多个(M)]:
选择第二条直线，或按住 Shift 键选择要应用角点的直线:
```

选中第二条直线。

（7）重复（3）、（4）、（5）、（6）动作即可得有倒角的方形花坛轮廓。如图3-34所示。

◆ 技巧点拨

（1）只对直线、多段线和多边形进行倒角，不能对圆、圆弧进行倒角。

（2）如果倒角的距离大于短边较远的顶点到交点的距离，则会出现"距离太大"的错误提示，而无法形成倒角。

◆ 心得体会

【倒角】命令是 AutoCAD 最基本的编辑命令，该命令可对图形进行修改。

◆ 实训作业

利用倒角命令进行不规则花坛的制作。

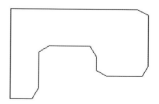

5.分解命令的应用

◆ 图例说明

应用分解命令 进行图块分解。

本图例是AutoCAD最基本编辑命令的应用，使用【分解】命令将植物图例进行分解。其最后效果如图3-35所示。

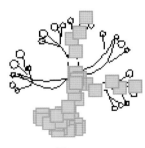

图3-35

◆设计思路

本图例主要是运用分解命令来完成的。分解工具是AutoCAD最基本的绘图、编辑工具，掌握好其使用可以对图形进行分解编辑。

◆绘制步骤

（1）启动AutoCAD 2004。
（2）插入植物图块。

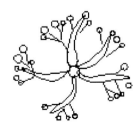

（3）单击分解命令按钮 。
命令行提示：

```
命令：_explode
选择对象：
```

选择图块，回车结束。

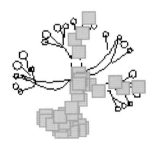

◆技巧点拨

（1）矩形：炸开后成为四条单独的直线。
（2）多段线：炸开后分解成直线段和圆弧段，且失去线宽和切向方向信息。
（3）图块：对带属性的图块，炸开后将失去属性值。
（4）多行文字：炸开后分解为单行文字。
（5）标注尺寸：炸开后分解为文本、尺寸线、尺寸界线、箭头四部分。
（6）填充图案：炸开后分解成一条条直线。

◆心得体会

【分解】命令是AutoCAD最基本的编辑命令，该命令可对图形进行分解。

◆实训作业

利用分解命令对矩形进行分解。

练习5　修改多段线命令的应用

应用修改多段线命令将花坛边编辑成一条多段线。

本图例是AutoCAD最基本编辑命令的应用，使用【修改多段线】命令可对多段线本身特性进行修改，也可以把独立的首尾相连的多条线段合并成多段线。其最后效果如图3-36所示。

图3-36

◆设计思路

本图例主要是运用修改多段线命令来完成的。修改多段线命令是AutoCAD最基本的编辑工具，掌握好其使用可以对多段线本身特性进行修改，也可以把独立的首尾相连的多条线段合并成多段线。

◆绘制步骤

（1）启动AutoCAD 2004。

（2）利用直线和弧线命令绘制弧形花坛轮廓。

（3）命令行提示符后输入PE，PEDIT命令启动后，系统提示。

命令行提示：

```
命令: pe
PEDIT 选择多段线或 [多条(M)]:
```

命令行输入M，回车结束。

（4）命令行提示：

```
PEDIT 选择多段线或 [多条(M)]: m
选择对象:
```

选择图形中所有的线条，回车结束。

（5）命令行提示：

```
选择对象:
是否将直线和圆弧转换为多段线？ [是(Y)/否(N)]? <Y>
```

命令行输入Y，回车结束。

（6）命令行提示：

```
输入选项
[闭合(C)/打开(O)/合并(J)/宽度(W)/拟合(F)/样条曲线(S)/非曲线化(D)/线型生成(L)/放弃(U)]:
```

命令行输入J按三次回车键，命令结束。

◆ 技巧点拨

使用"PEDIT"命令，用户可以完成以下编辑任务：

（1）将直线实体和圆弧实体转变为多段线。

（2）将一个闭合的多段线打开。

（3）将一个开放的多段线闭合。

（4）将直线、圆弧或其他多段线，转变为正在编辑的多段线的一部分。

（5）修改多段线的宽度。

◆ 心得体会

【修改多段线】命令是AutoCAD最基本的编辑命令，该命令可以对多段线本身特性进行修改，也可以把独立的首尾相连的多条线段合并成多段线。

◆ 实训作业

利用修改多段线命令将弧型花坛的线型宽度设置为3mm。

练习6　文字、尺寸标注的应用

◆ 图例说明

应用文字、尺寸标注命令绘制A3图框，并对图框进行尺寸标注。

本图例是AutoCAD最基本编辑命令的应用，使用【文字】、【尺寸标注】命令可对图形进行尺寸标注及文本输入。其最后效果如图3-37所示。

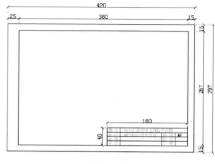

图3-37

◆ 设计思路

本图例主要是运用文字、尺寸标注命令来完成的。文字、尺寸标注命令是AutoCAD最基本的工具，掌握好其使用可以对图形进行尺寸标注及文本说明。

◆ 绘制步骤

（1）启动 AutoCAD 2004。

（2）用矩形命令绘制A3图框。

（3）结合偏移和修剪命令绘制标题栏。

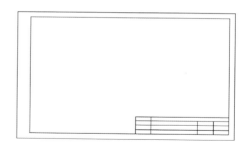

（4）命令行提示符后输入 T，文本输入命令启动后，系统提示。

```
MTEXT 当前文字样式:"Standard" 当前文字高度:2.5
指定第一角点:
```

指定第一角点。

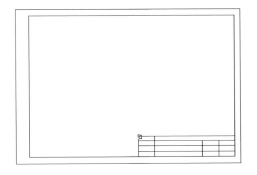

（5）命令行提示：

```
指定第一角点:
指定对角点或 [高度(H)/对正(J)/行距(L)/旋转(R)/样式(S)/宽度(W)]:
```

指定第二角点，出现文字格式对话框。

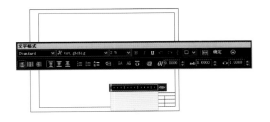

键盘输入文本"图名"，点确定按钮结束。

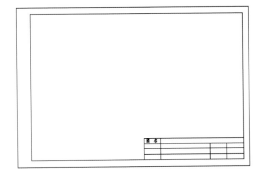

命令行输入 Y，回车结束。

（6）重复（3）、（4）、（5）操作步骤，依次输入标题栏相关信息。

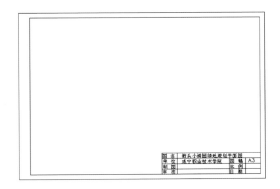

（7）点击菜单【标注】/【线性】按钮
命令行提示：

```
命令: _dimlinear
指定第一条尺寸界线原点或 <选择对象>:
```

指定第一条尺寸界线。

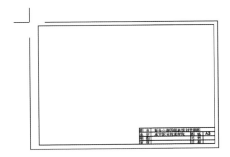

（8）命令行提示：

```
指定第一条尺寸界线原点或 <选择对象>:
指定第二条尺寸界线原点:
```

指定第二条尺寸界线。

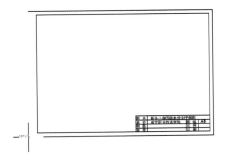

（9）命令行提示：

```
指定尺寸线位置或
[多行文字(M)/文字(T)/角度(A)/水平(H)/垂直(V)/旋转(R)]:
```

指定尺寸线位置，点击鼠标左键结束。

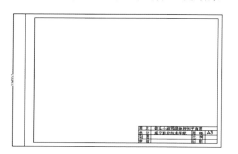

（10）重复以上（6）、（7）、（8）步骤，对图框长度进行标注。

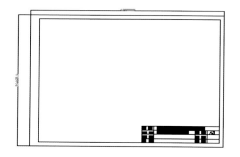

◆技巧点拨

（1）尺寸标注的步骤

① 建立一个专门用于标注尺寸的新图层，以便于区分和修改。

② 创建一个用于尺寸标注的文本类型，设置尺寸标注格式。

③ 保存所设置的尺寸标注格式，以后作图时可直接调用，提高作图效率。

④ 结合对象捕捉进行准确、快速的标注。

⑤ 使用相应的尺寸标注命令进行尺寸标注。

⑥ 检查所标注的尺寸，对不符合要求的尺寸进行修改。

（2）特殊字符标注　在工程绘图中，通常要用到一些特殊字符，如表示直径的Φ，表示地平面的正负号等，这些字符不能从键盘上直接输入，所以CAD为这些字符提供了一些简捷的控制码。我们可以从键盘上输入控制码来达到输入特殊字符的目的。

◆心得体会

【文本标注】和【尺寸标注】命令是AutoCAD最基本的编辑命令，【尺寸标注】可以对图形本身进行长度、宽度、角度等尺寸的测量。【文本标注】可对图形进行说明或注释。

◆实训作业

对花架平面图进行尺寸标注及简要说明。

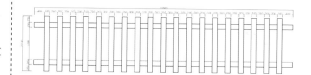

练习7　图层的应用

◆图例说明

本命令是AutoCAD最基本编辑命令的应用，使用图层来分层作图，可把具有相同特性的实体绘制在同一个层上。如图3-38所示利用图层绘制花坛平面图。

**武汉理工大学南区南大门中心花坛
平面布局图**

图3-38

◆设计思路

本平面图是通过图层管理器来进行绘制完成的。把具有相同特性的实体绘制在同一个层上，方便我们绘图和控制管理。

◆绘制步骤

（1）启动 AutoCAD 2004。

（2）打开"图层特性管理器"，在对话框中点击新建图层按钮 。新建图层取名为花坛轮廓，颜色黑色，线宽 0.25mm。

（3）在"图层特性管理器"中选中花坛轮廓层，单击 ✔ 按钮，点击确定结束。在CAD中绘制花坛轮廓。

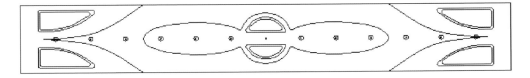

（4）打开"图层特性管理器"，在对话框中点击新建图层按钮 。新建图层取名为草坪，颜色绿色，线宽 0.05mm。

（5）在"图层特性管理器"中选中草坪层，单击 ✔ 按钮，点击确定结束。在CAD中利用填充命令绘制草坪。

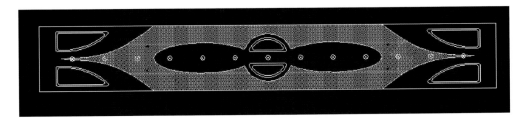

（6）打开"图层特性管理器"，在对话框中点击新建图层按钮 。新建图层取名为色块，颜色红色，线宽 0.05mm。

（7）在"图层特性管理器"中选中色块层，单击 ✔ 按钮，点击确定结束。在CAD中利用填充命令绘制色块。

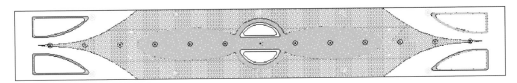

（8）打开"图层特性管理器"，在对话框中点击新建图层按钮 ✎。新建图层取名为植物，颜色绿色，线宽0.05mm。

（9）在"图层特性管理器"中选中植物层，单击 ✔ 按钮，点击确定结束。在CAD中利用块插入命令插入植物图例。

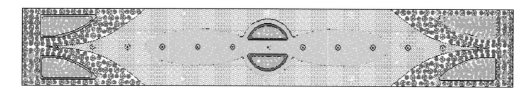

（10）打开"图层特性管理器"，在对话框中点击新建图层按钮 ✎。新建图层取名为文字，颜色黑色，线宽0.25mm。

（11）在"图层特性管理器"中选中文字层，单击 ✔ 按钮，点击确定结束。在CAD中利用文本输入命令输入文字。

武汉理工大学南区南大门中心花坛
平面布局图

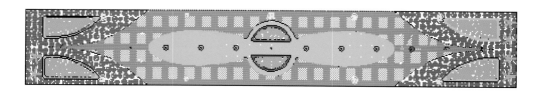

◆技巧点拨

图层的管理：

（1）图层的打开与关闭

打开——该层图形可见。

关闭——不可见也不可打印，但执行Re时会重新计算关闭层的数据。

（2）图层的冻结与解冻。

解冻——图形可见。

冻结——不可见，不可打印，执行Re时不需重新计算冻结层的数据。

（3）图层的锁定与解锁。

锁定——图形可见，不可编辑，但可以继续在该层上增加新图形。

解锁——可见，可编辑。

◆心得体会

使用图层来分层作图，可把具有相同特性的实体绘制在同一个层上。

◆实训作业

使用图层来分层绘制庭院绿化平面图。

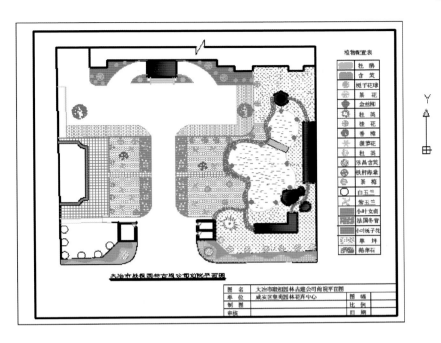

实训练习三　描绘小游园

◆ 图例说明

灵活运用AutoCAD绘图软件描绘"小游园"。其最后效果如图3-39所示。

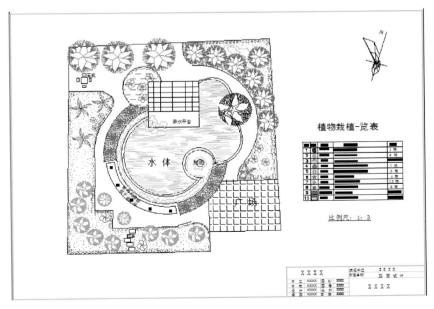

图3-39

◆绘制步骤

（1）图像导入　在园林计算机辅助设计过程中的初步设计阶段，经常用手绘图来表达设计意图，然后再用 AutoCAD 进行制图；或者是甲方提供现状图，设计人员在此图的基础上进行设计与 AutoCAD 制图。下面介绍用 AutoCAD 2004 描绘底图的过程。

插入图像

打开 AutoCAD 2004 软件，点击菜单【插入】/【光栅图像】，如图 3-40 所示，出现"选择图像文件"对话框，如图 3-41 所示。

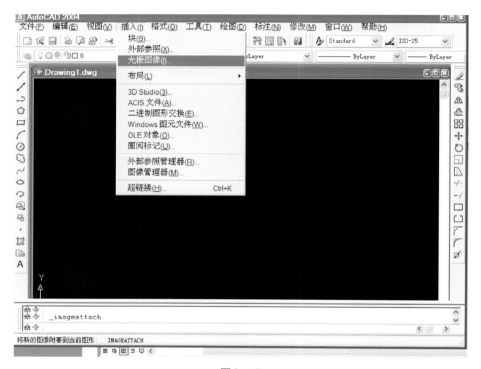

图 3-40

图 3-41

在查找范围的下拉菜单中选择庭园设计图（所附文件夹"描图\庭园设计\.jpg"），单击【打开】按钮，出现如图 3-42 所示【图像】对话框。单击【打开】按钮，在绘图区确定插入点，回车，绘图区出现如图 3-43 所示插入的底图。

图3-42

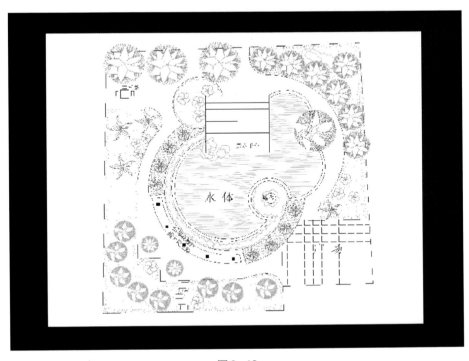

图3-43

　　把光栅图像单独放0图层，然后把该光栅图像显示顺序后置（工具—显示顺序—后置），最后把该图层锁定。在其他图层画图。

单击"图层特性管理器"按钮，出现"图层特性管理器"对话框。新建如图3-44所示的图层。单击【确定】，完成设置。

新建图层

图3-44

（2）描绘边界　以"边界"图层为当前层，绘制"底图"的边界。

点击"窗口缩放"按钮，用鼠标在图的左上角确定一点，放大图的左上角，如图3-45所示。

在命令行输入：PL↙

指定起点：用鼠标在如图3-45所示的角点处单击。

描绘边框

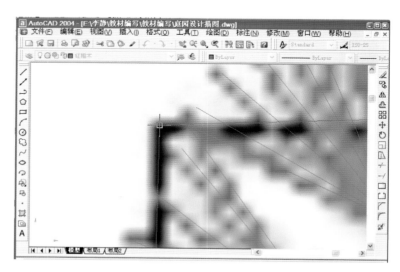

图3-45

在"指定下一个角点或【圆弧（A）/半宽（H）/长度（L）/放弃（U）/宽度（W）】："的提示下，用鼠标在如图3-46所示角点处指定边界线的第二点，依次指定第三点、第四点、第五点、第六点，然后在命令栏输入"C"命令，闭合。结果如图3-46所示。

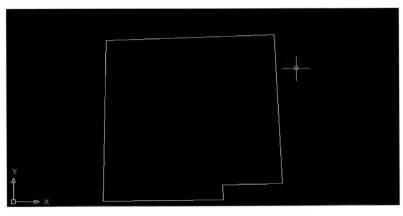

图3-46

（3）描绘道路、广场　放大"底图"下端道路入口处。命令行输入：PL，回车。

在【指定起点：】的提示下，用鼠标在下方入口左侧单击。

然后按"底图"的道路线走向进行描绘。当道路线是水平或垂直时打开正交模式（按〈F8〉键），否则关闭。

道路广场描绘

当遇到弧时，在"指定下一点或【圆弧（A）/闭合（C）/半宽（H）/长度（L）/放弃（U）/宽度（W）】："的提示下，输入：a，回车；再输入：s，回车。

在【指定圆弧上的第二个点：】的提示下，用鼠标在弧的中间单击。

在【指定圆弧的端点：】的提示下，用鼠标在弧的端点单击。

当由弧变直线时，输入：L，回车。继续画直线，一直到图左上端边界，稍微超过边界线时单击。

用同样方法，继续进行其他路段的描绘。

以"水池"为当前层。使用样条曲线（SPL）命令根据底图的位置描绘水池，然后进行偏移操作。

以"花带"为当前层。使用样条曲线（SPL）命令根据底图的位置描绘花带，然后进行偏移操作。

利用剪切命令剪切掉多余的线段。再利用夹点编辑方法，结合正交、对象捕捉、对象追踪命令调整花带与水池与道路边缘的位置关系。结果如图3-47所示。

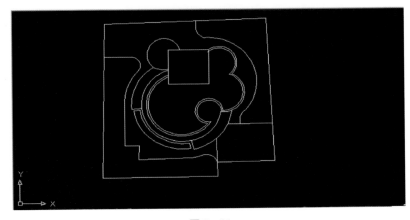

图3-47

（4）图案填充　选择【图案填充】，选择图案【DASH】，在【比例】栏中输入：5（不同比例图纸输入比例不同，图纸比例越大，填充图案的比例则也越大，反之越小），然后单击"拾取点"按钮，在图中水池处单击，回车，回到对话框，单击【确定】，完成填充操作。

用同样方法填充草坪，选择图案【AR-SAND】，但是会发现草坪填充过后太过稀疏，因此进行填充编辑。打开菜单【修改】/【对象】/【图案填充】。

在【选择关联填充对象】提示下，用鼠标单击草坪中的点，出现"图案填充编辑"对话框，把【比例】改为"0.5"，单击【确定】。

用同样方法填充花带，结果如图3-48所示。

图案填充

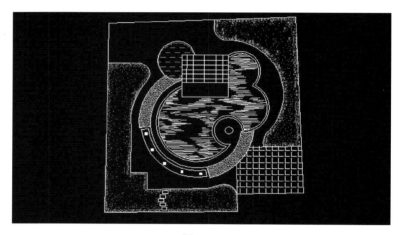

图3-48

（5）种植植物　在"0图层"创建"桂花""杜鹃""红檵木球""白玉兰""红枫""山茶"等植物图块，利用创建的植物平面图块，通过菜单【插入】/【图块】命令设计种植植物，并调整图块的大小。利用修订云线，绘制灌木丛。结果如图3-49所示。

种植植物

图3-49

（6）文字标注 打开菜单【格式】/【文字样式】，出现"文字样式"对话框，新建"文字"文字样式。其他参数设置如图3-50所示。

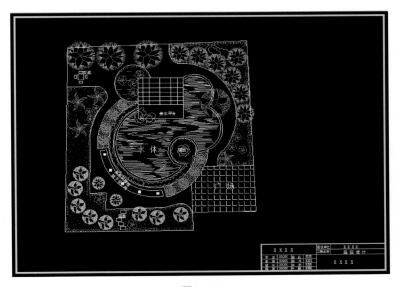

图3-50

单击"多行文字"按钮 **A**。

在文字输入位置的左上角和右下角分别单击，出现"文字格式"对话框，输入图例名称，单击【确定】。调整文字的位置。

双击图中文字，出现"文字格式"对话框。调整文字的间距（文字间加一空格）、大小，单击【确定】。

（7）插入图框 绘制A3图框，利用缩放命令将其图框放大3倍，用移动命令将图形放入到图框的合适位置。结果如图3-51所示。

图3-51

（8）图面布局 由图3-51可见，在图框内图形的右侧有一空白处，可放"植物种植表"。

打开菜单【插入】/【OLE对象】，出现"插入对象"对话框。

在【对象类型】栏中，选择"Microsoft Word文档"，并选择【由文件创建】。

然后，单击【浏览】按钮，找到需要插入的文档。单击【打开】，回到"插入对象"对话框，单击【确定】。回到画面后，用夹点编辑器的方法调整文档的大小，并用移动工具将文档放到适当位置。结果如图3-52所示。

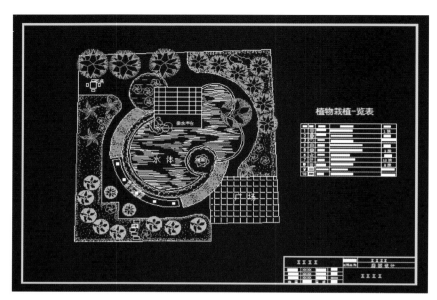

图3-52 "植物种植表"示例

插入磁北针和输入比例尺：

打开"设计中心"对话框。选择一磁北针，插入图形中，放到右上角位置。

在表格的下端输入文字为"比例尺：1∶3"（在插图框时，将图框放大了3倍，因此图的比例为1∶3）。图面布局完成，结果如图3-53所示。

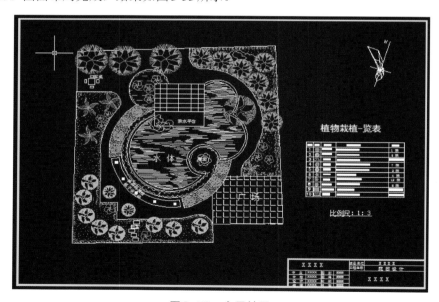

图3-53 布局结果

（9）虚拟打印 【文件】→【打印】→【打印设备】。选Publishtoweb.JPG.pc3的打印机【特性】→【自定义图纸尺寸】，选择合适的图纸尺寸（或根据需要添加合适的图纸尺寸），确定。【打印设置】→【图纸尺寸】：选择在打印设备里设置好的图纸，【打印区域】点击"窗口"，框选需要打印的内容范围，【打印比例】：按图纸空间缩放或指定合适的比例，单击【预览】按钮，出现预览界面，如图3-54所示。然后点击鼠标右键，在出现的快捷菜单中选择【打印】命令，打印机开始打印。

（a）打印设备对话框设置　　　　　（b）打印设置对话框设置

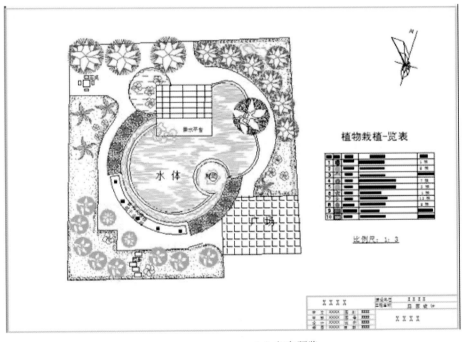

虚拟打印

（c）打印预览

图3-54　打印参数设置及预览

◆心得体会

　　"描图练习"是学好AutoCAD行之有效的办法，它不仅体现在基本命令工具的熟练上，更培养了学习者利用AutoCAD软件制图的灵活运用的能力。

项目四 SketchUp设计初步效果图

在SketchUp中做出一张3D初步效果图，需要用到的工具：CAD，SketchUp。

首先将在CAD中制作完毕的文件保存在某个电脑目录中。

在此设定为"桌面\庭院"文件夹。

（1）可以将文件通过CAD打开，然后输出为JPG等SketchUp支持导入的图像文档格式，也可以将CAD文件以默认格式保存。SketchUp中也可以进行导入操作。

（2）具体保存的文件类型可以根据具体需求和实际情况进行选择。需要注意的是如果导入复杂的dwg格式的CAD文件，可能造成一些不可知的错误。如果出图较为简单且仅作为效果参考，建议导入JPG格式，然后二次描绘。

至此，准备工作结束。开启SketchUp，开始作图。

任务一　导入CAD文件或图像文件

（1）点击文件按钮，选择导入功能。选择之前保存的文件。

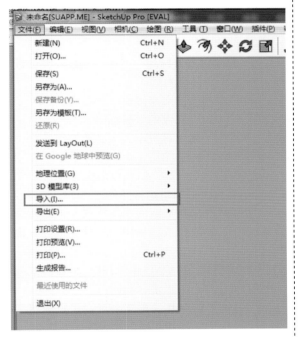

（2）根据保存文件的格式不同，可以选择不同的文件类型。

最新版本的SketchUp支持CAD的部分格式和刚才导出的JPG格式以及其他多种软件格式。而且后期可以通过插件添加新的支持格式。

（3）根据实际选择文件类型不同，将在窗口内展示不同的文件。

因案例较为简单。所以在此，选择在CAD中转存出的JPG文件进行操作。

任务二　导入文件后的基础描绘

（1）利用图像格式进行操作

① 导入底图。SketchUp在没有插件支持的情况下，是没有将导入的JPG文件直接识别为可以进行操作的线条功能的。需要使用者二次进行描绘线条。

② 选择了导入JPG后，将会在操作区内出现相应的文件。

确认导入后，即可进行描线。

因SketchUp提供面积测算等实用功能，所以建议导入的图片比例与CAD制作的原图保持一致。

将JPG文件导入后的效果。

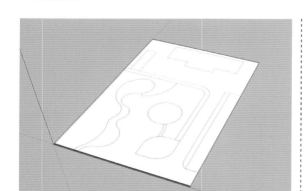

③ 使用相关工具进行描线。

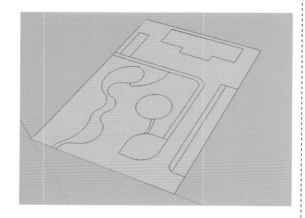

使用绘制工具进行描线并封闭后，即可以进行后续操作。

（2）直接导入CAD保存的文件　在使用

CAD保存文件时需注意的是：从CAD导出文件时要视情况保存较低版本的格式，且保存格式是三维建模类型，才可以在导入SketchUp后显示为域面，而不是线条。

CAD导入十分适合大型预览图的制作。从速度和精准度来说，都比手动描绘要高很多。

在实际后期运用中，保存CAD文件前可能会根据需要进行以下操作：

① 消除重线；

② 删除尺寸、标注、文字、轴线，炸开图块，线型线宽保存为默认；

③ 清理多余的图层图块；

④ 统一所有图像的坐标标高；

⑤ 清理无用内容直至剩下必要的线条；

⑥ 删除隐藏的图层；

⑦ 导出成3D建模的CAD图像文件；

⑧ 置入SketchUp进行操作。

也可以保存为平面的dwg格式，但是需要二次手动确定域面或使用相关插件完成建立面的操作。

在此例中使用CAD导出JPG，JPG格式导入SketchUp的模式来进行制图。

（3）模型的制作　根据喜好，可以先将大的域面推拉至想要的高度，然后进行细化。

也可以在平面时直接绘制详细线条。

在此使用第二种方法。

任务三　制作路牙石

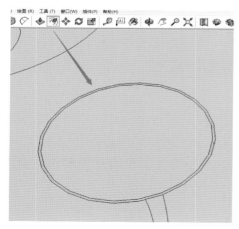

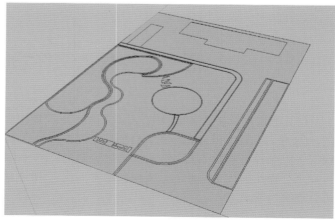

① 细化面域，增加细节。

② 高低的不同落差和贴图的面基是根据面域来进行判定的。

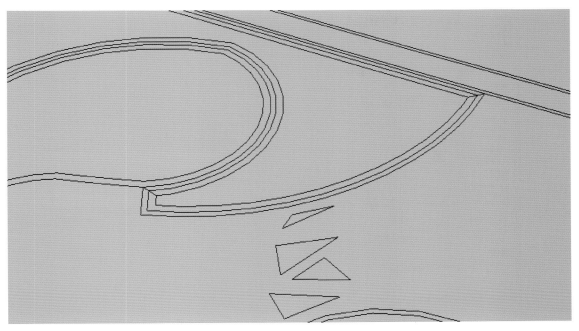

③ 如台阶处需要为每一阶台阶画出相应的分割线，意义等同于等高线。

任务四 制作水面

此处有一个较为简单的方法：首先将水域部分拉至地下坐标，此时，水池有了池底。

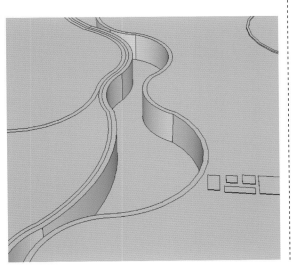

此时为池底添加贴图。

按B键，调出材质功能。

选择石头。

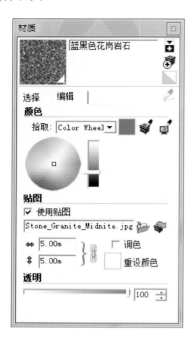

如果发现贴图一片模糊或者过大，可以通过材质编辑选择项中的大小来进行设定。

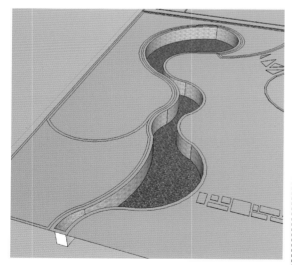

同样方法为水池壁进行贴图操作。

然后，来创建水面。

SketchUp有一个功能，就是自动构建面。在此案例中就可以利用此功能。目前并没有水面面层存在。

如果需要创建水面层，在此情况下只需要用笔工具在水池边缘画一条直线。

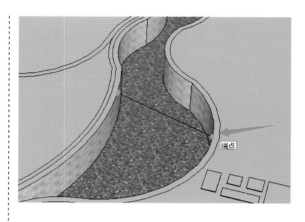

一个新的面就出现了。

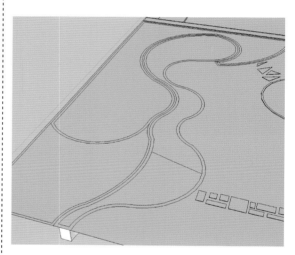

删除刚才所绘制的直线后，面依旧存在。将面拉至想要的位置。

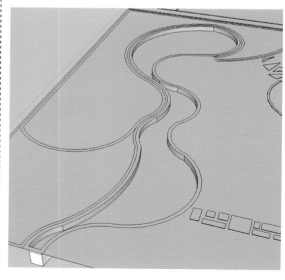

按B键使用贴图功能，在贴图中选择水纹。

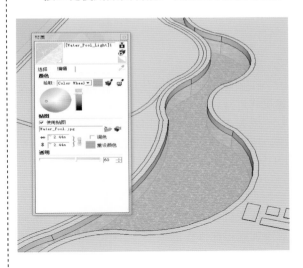

这样，就拥有了一个带有透明水面的水池。

任务五　制作汀步

① 可以先在水面上画圆。

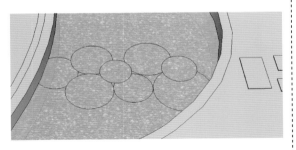

② 然后使用推拉工具向上向下分别拉伸至合适的高度。

③ 直接在平面的圆上进行加贴材质，然后进行拉伸。

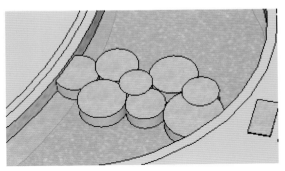

任务六　大面积贴图

使用油漆桶工具（B）进行贴图操作。

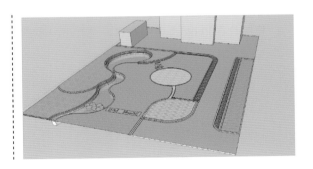

任务七　添加树木和预设建筑物

在预览图中，可以使用已经做好的树木及建筑物进行使用。

但是会造成软件性能降低，减慢渲染速度。所以建议尽量少使用相关资源，而在后期PS中进行实现。

（1）在联网的情况下

可以使用SketchUp的模型库。

搜索到相关项目后点击下载，便会在讯问后添加到正在操作的模型中。

（2）已有相关模型，需要导入

点击文件，选择导入。

稍作调整，加入想要的模型之后，选择合适的角度。

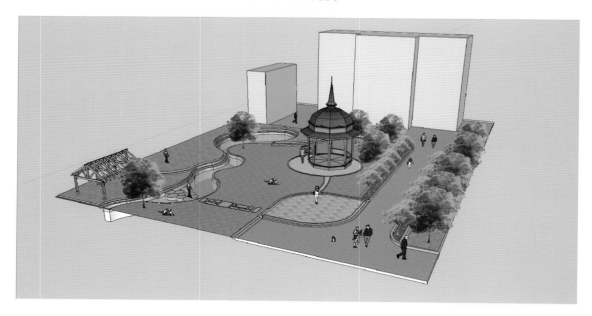

导出后，在SketchUp中的操作就此结束。

将图片在Photoshop中开启，进行下一步操作即可。

课堂练习

学生利用SketchUp软件练习基本命令，绘制园林初步设计图。

项目五　3DS MAX设计效果图

工作任务列表

3DS MAX设计效果图

任务一　备份CAD线框图

任务二　创建绿化区域地面

任务三　创建摄影机

任务四　制作草地

任务五　制作硬化路面

任务六　制作东部草坪及人行道

任务七　制作道路左侧的人行道及小广场

任务八　制作河流周围的石砌体

任务九　制作大型石块

任务十　制作地板亲水平台

任务十一　制作木桥

任务十二　制作木质走廊

任务十三　导入亭子模型

任务十四　合并建筑物

任务十五　制作围墙

任务十六　创建灯光

任务十七　制作背景图案

任务一　备份CAD线框图

从CAD导入的线框图，在3DS MAX中为样条线图，因为要反复用到这些样条线。先复制一个备用。

（1）用"选择对象"键全部选择这些线条，点击右键，选择"克隆"项。

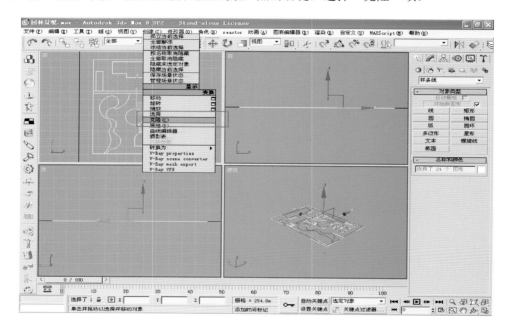

（2）弹出克隆选项的对话框，选择"复制"名称为Arc01，点击确定。

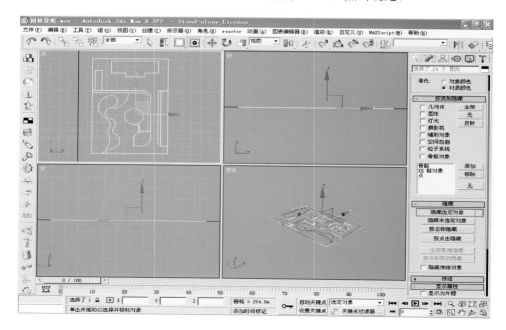

（3）点击"显示"按钮，点击"隐藏选定对象"键。

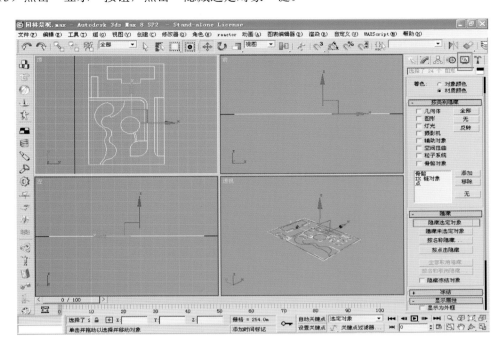

任务二　创建绿化区域地面

（1）点击最大矩形使其为白色选择状态。点击"修改"项中"样条线"选项。

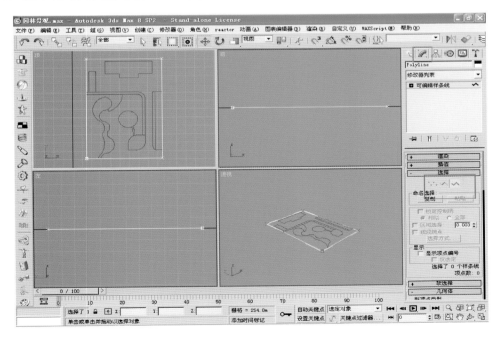

（2）上拉菜单选择"附加"选项，点击河流，使其与外框成为一个样条线。

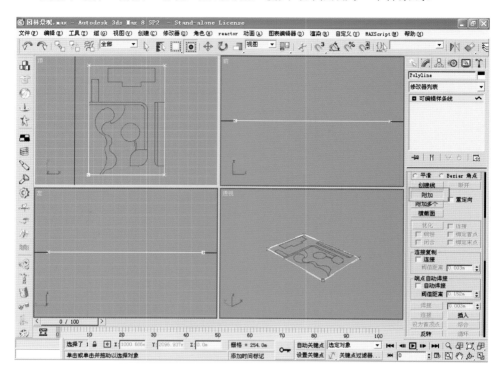

（3）快捷键"Alt+W"，把顶视图最大化以便编辑。

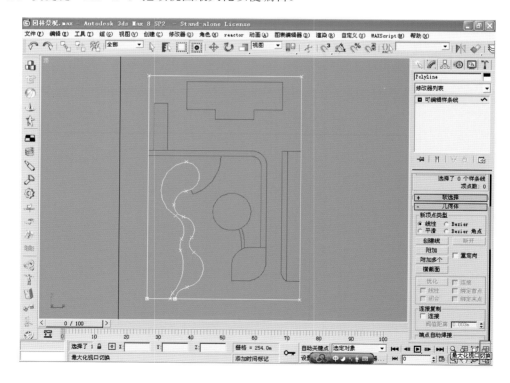

（4）在修改器列表"可编辑样条线"中选择"顶点"项。

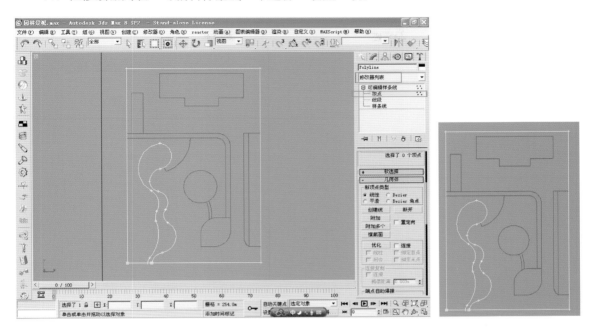

（5）选择河流样条线最下方的两个点，向上移动，使其略高于外框线即可。

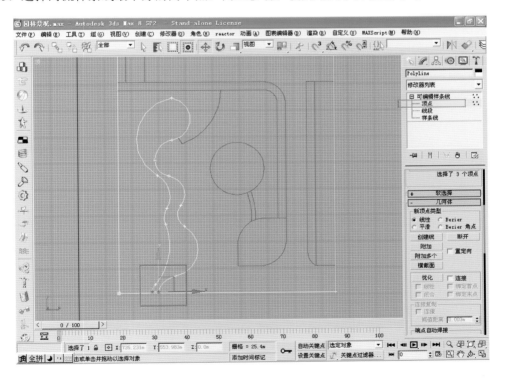

（6）框选河流最右下方的两个点，点击"焊接"项，输入值可以为"0.1m"，使样条线闭合。

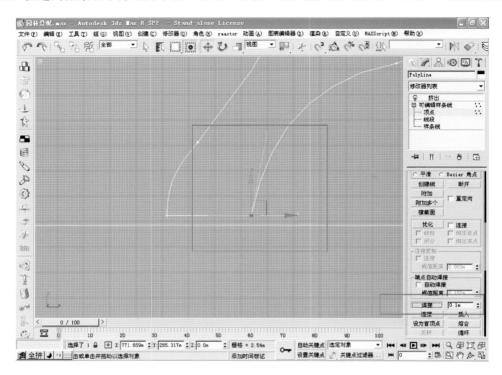

（7）恢复到四视图显示，所有视图最大化，点击"修改器"中顶点，取消对"顶点"的选择。

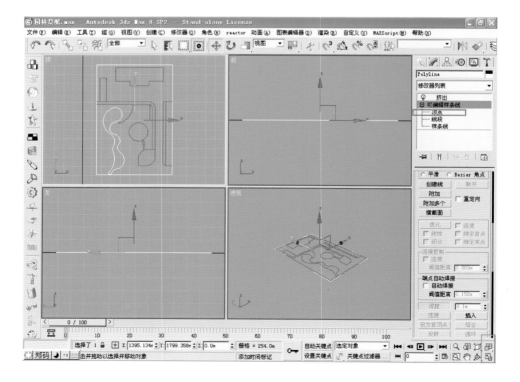

（8）保持河流样条线的选择状态，在修改器列表中点击"挤出"，在数量中输入"－1.0m"，并起名"草坪"。

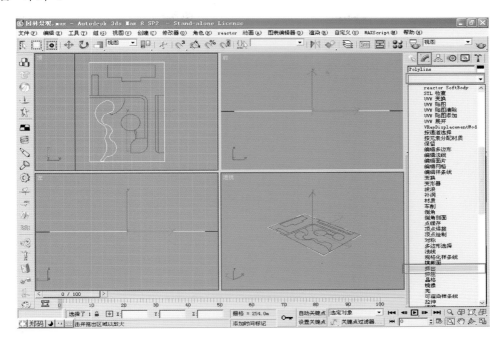

任务三　创建摄影机

（1）点击"创建"按钮，"摄影机""目标"选项在顶视图中建立一个摄影机。

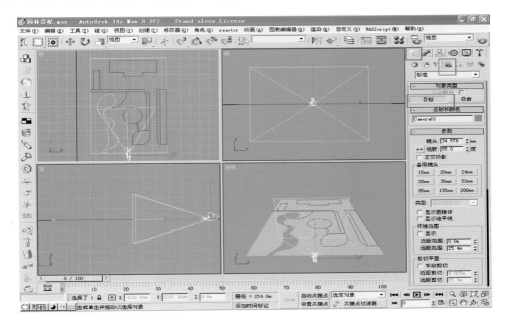

（2）调整参数为镜头35mm，视野55度，并在"透视"图中点击右键，在弹出对话框"视图"中选"Camera01"项。

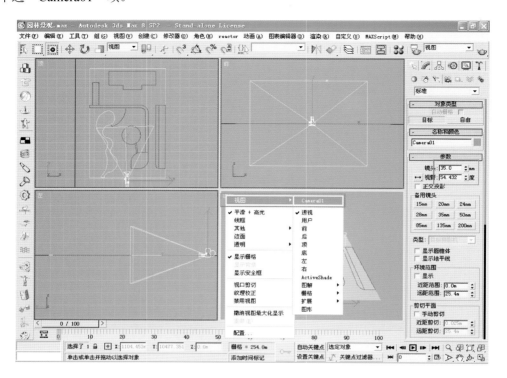

（3）确定"摄影机"为选择状态，点击右键，选"移动"项，在各视图中调整摄影机位置。

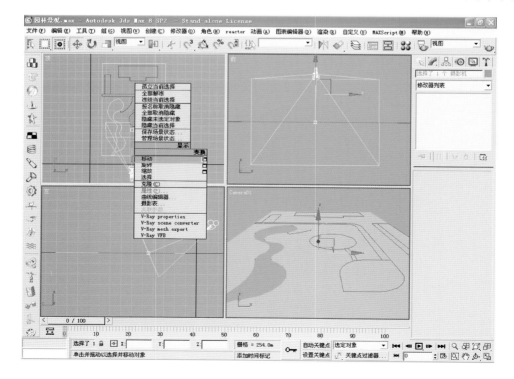

（4）点击"显示"栏中"按类别隐藏"，勾选"摄影机"选项。隐藏摄影机以便于下一步编辑。

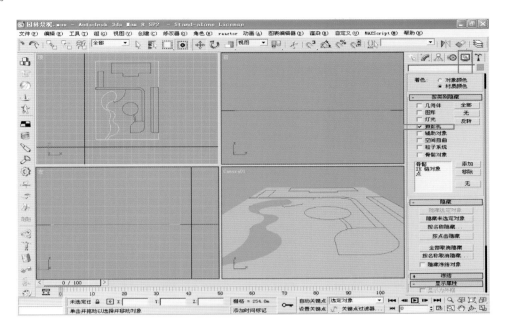

任务四　制作草地（赋予地面一个"草地"的贴图）

（1）点击"材质编辑器"，弹出对话框，点击第一个材质球，点击"漫反射颜色"右面的贴图类型钮，选择"位图"，点击确定。

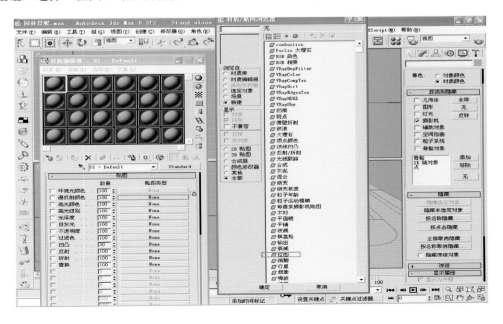

（2）在"景观案例Ⅰ材质库"中选择"草地2"贴图。确定地面为选择状态，将材质球01的贴图赋予它。点击"将材质指定给选定对象"和"在视口中显示贴图"。

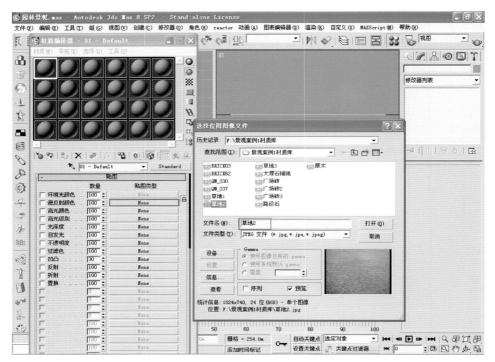

（3）将视图中的物体及样条线全部冻结。鼠标在视图内点击物体外任意一点，取消选择，在"显示"栏中点击"冻结未选定对象"。

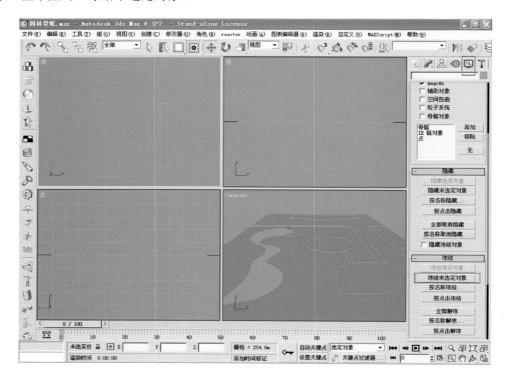

任务五　制作硬化路面

（1）点击"显示"栏中"全部取消隐藏"，用"选择并移动"键框选，按上档键在右方复制一套备用。

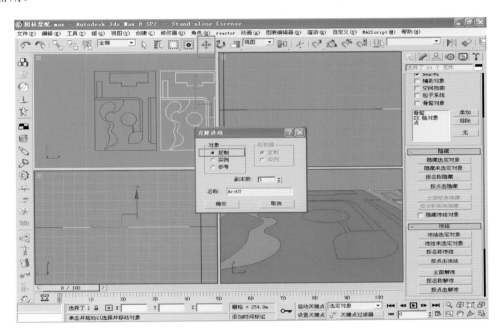

（2）让顶视图最大化，选择最大矩形，点击"修改器""附加"钮。

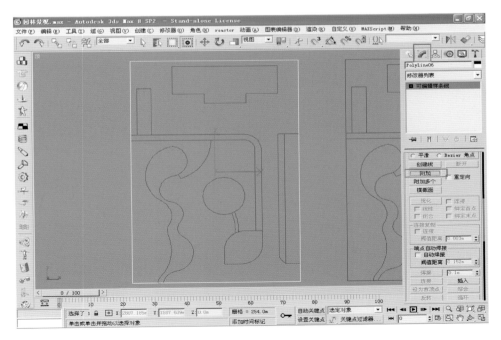

（3）依次点击多个样条线，如图所示。

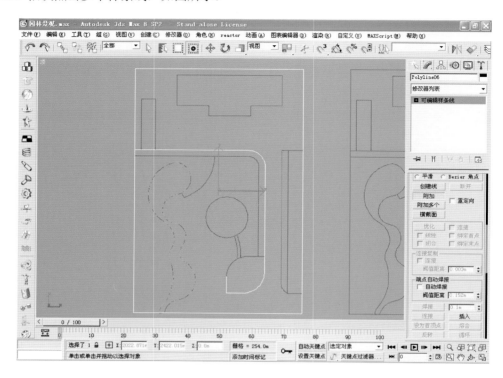

（4）点"附加"取消，在"可编辑样条线中"点击"顶点"编辑。

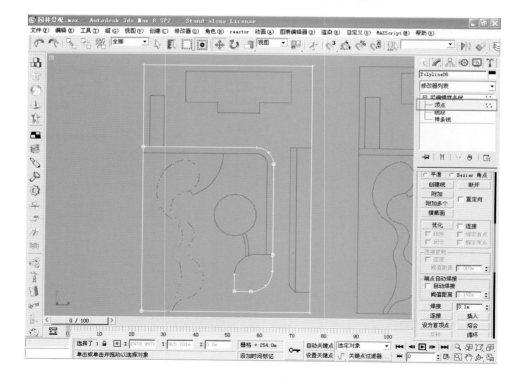

（5）将"顶点"按图标位置移动。

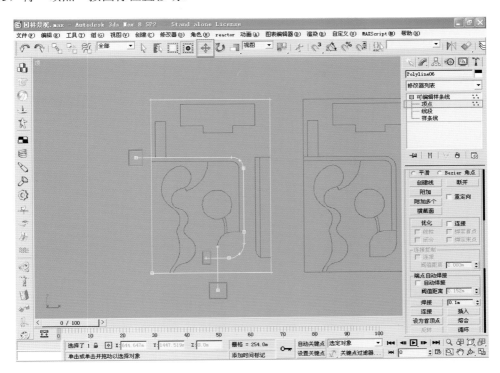

（6）在"修改器列表"下拉式菜单中点选"修剪/延伸"。

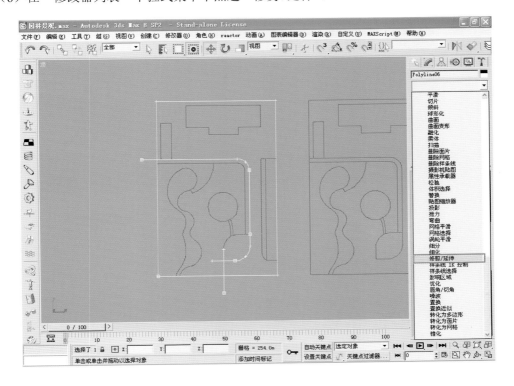

（7）在"修建/延伸"弹出框中选"拾取位置"，按图示将多余线条修剪掉。

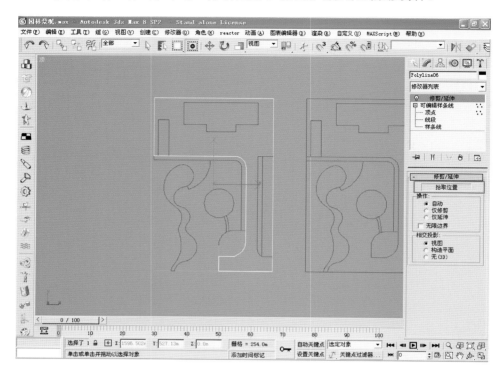

（8）在"修改器"框中点右键，在弹出对话框中选择"塌陷全部"。

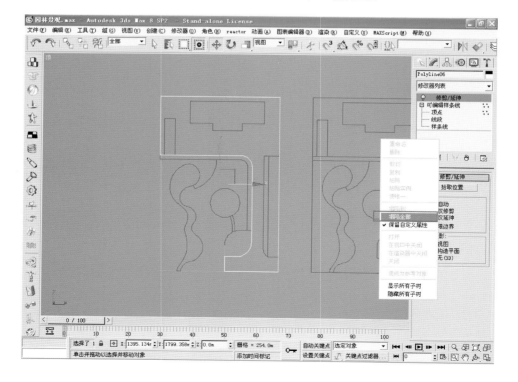

（9）在"可编辑样条线"中选"顶点"，并用"选择并移动"键框选所有的顶点，然后点
"焊接"，使图形闭合。

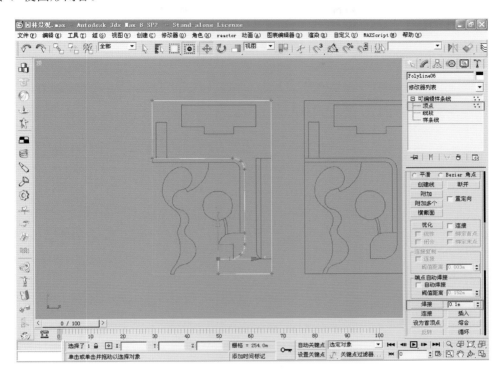

（10）在"修改器列表"下拉菜单中选择"挤出"，给"0.1m"数量，命名为"路面1"。

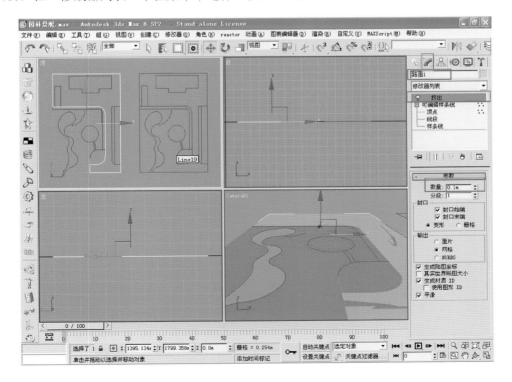

任务六　制作东部草坪及人行道

（1）点击最右方矩形，进入"修改器"中，点击"挤出"。

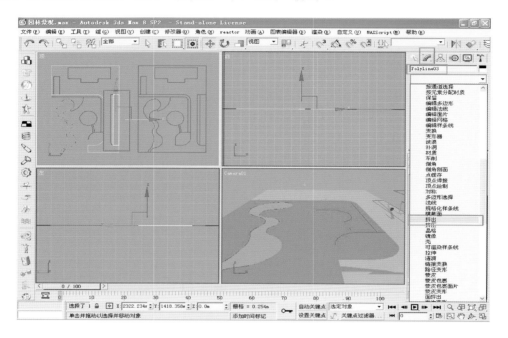

（2）在"挤出"参数中把数量定为"0.2m"，进入"材质编辑器"，把草地材质赋予它，并将其命名为"草坪1"。

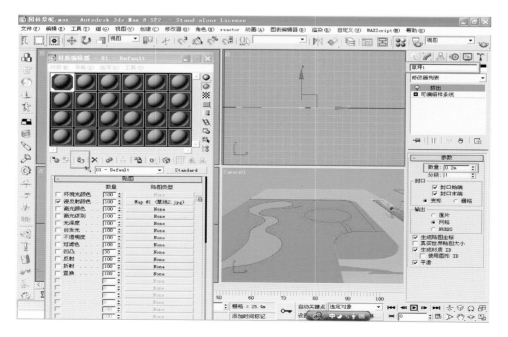

（3）给"草坪1"加上路沿石，点击刚才复制备用的图形中的原样条线，在"修改器"中点击编辑样条线中"样条线"按钮，并再次点击样条线，使其变"红色"。

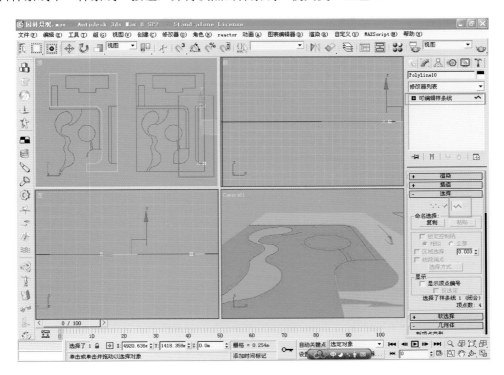

（4）用"平移视图"将下拉菜单向上滑动，"轮廓"项输入数字"0.1m"，这将是路沿石的厚度。

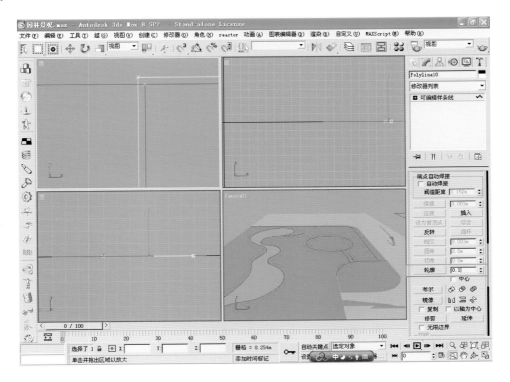

（5）在"修改器列表"中点击"挤出"项，给其"0.3m"的高度，将其命名为"路沿石1"，打开材质编辑器，点击第二个材质球，点击"漫反射颜色"右侧的贴图按钮，在"材质库"中找到"路沿石"贴图，赋予它。

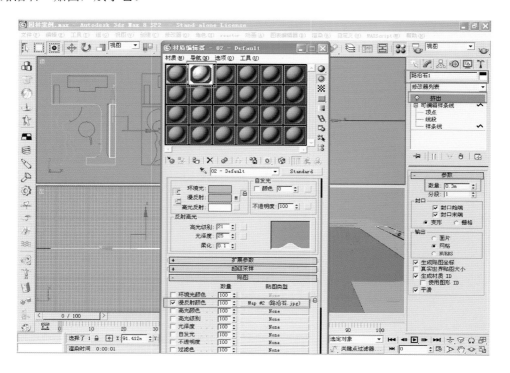

（6）将"路沿石1"移动到编辑区域，继续利用右方备用图形，点击"草坪1"生成为原图形，在"修改器"中点附加，并在图形中点击样条线。

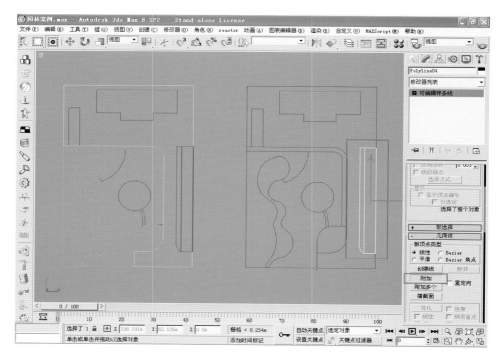

（7）在"修改器列表"中找到"修剪/延伸"项，按下"拾取位置"钮，在视图中点击多余的样条线，只留下"人行道部分"，如图（如果"修剪/延伸"时不能正常运行，可适当移动样条线"顶点"，使它们交叉明显，方便修剪）。

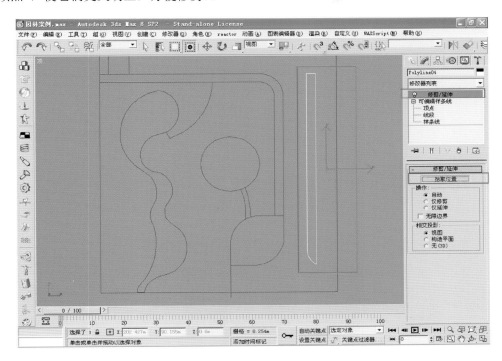

（8）再次点击"拾取位置"，取消选择，并在"修改器堆栈"框中点击鼠标右键，在弹出对话框点选"塌陷全部"，在弹出对话框中选"是"。

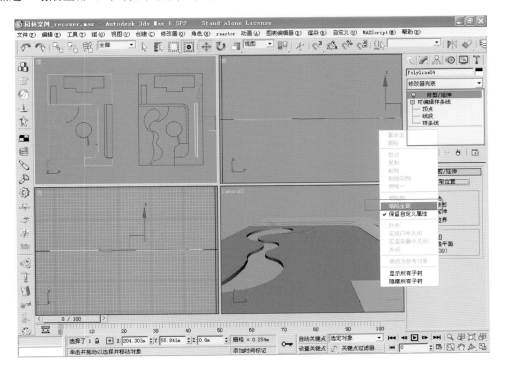

（9）可编辑样条线中选"顶点"，并选择所有的点，点选"焊接"，使图形闭合。

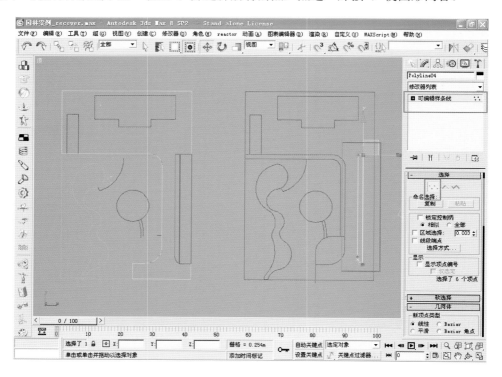

（10）"修改器列表"中选"挤出"，给它"0.2m"的高度，命名为"人行道1"并移至左边编辑区域。

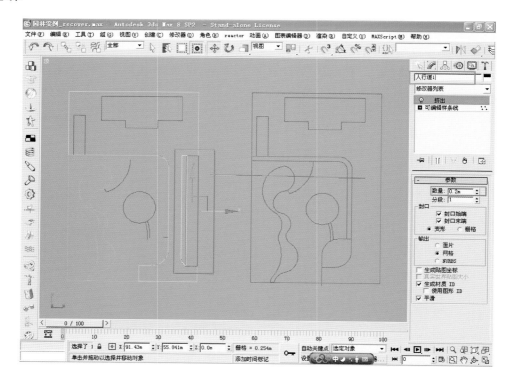

（11）为"人行道1"赋予材质：确定"人行道1"为选择状态，打开"材质编辑器"，点选第三个材质球，把高光级别定在50，光泽度为21，点击"贴图类型""漫反射颜色"钮，在弹出对话框中点击"位图"并点确定。

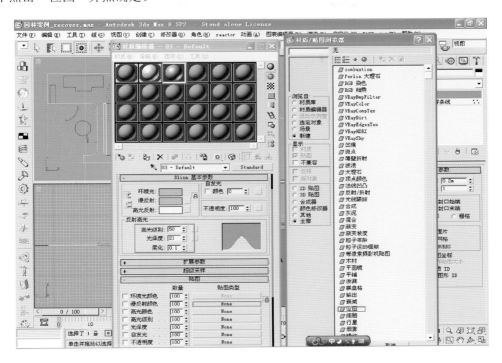

（12）在"景观案例1材质库"中点选"WQM1"并"打开"，将材质指定给选定的对象，并点击"在视图中显示贴图"，关闭"材质编辑器"。

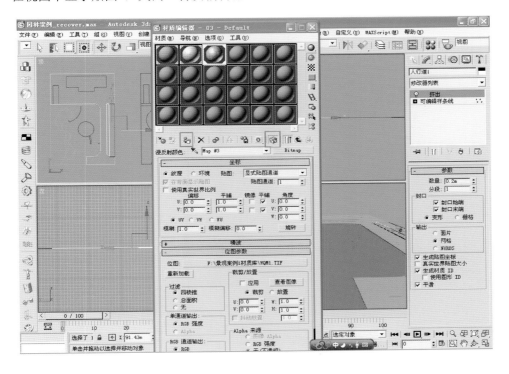

（13）为方便观察局部，我们再创建一个"摄影机"，调整到如图，并在"Camera01"视图，点击右键，切换成"Camera02"。

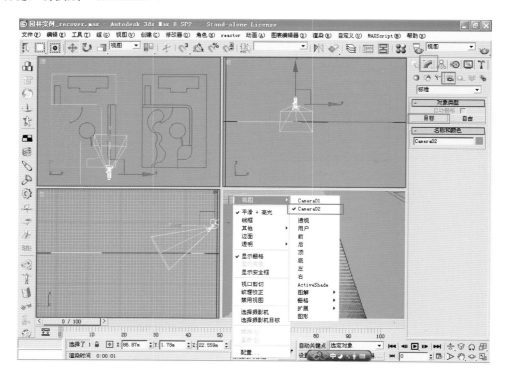

（14）画到这儿可以点选"快速渲染"键，渲染一下"Camera02"视图，观察一下效果，会发现"人行道"及"草地"材质模糊，这是因为没有赋予它们正确的贴图的原因。

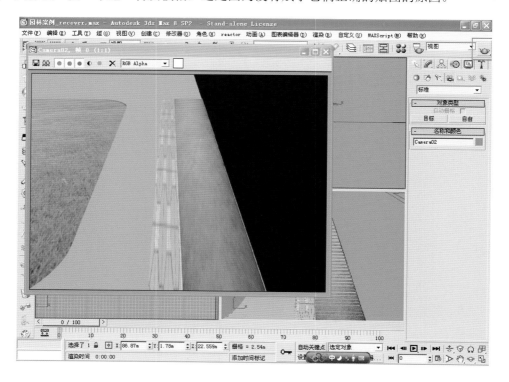

（15）关闭"渲染图"，隐藏"摄像机"，点选"人行道1"，在"修改器列表"中点选"UVW贴图"项，在参数中默认"平面"，把长度定为"3m"，宽度定为"3m"。

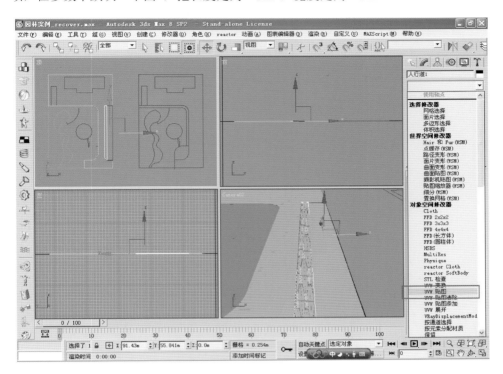

（16）在"摄像机"视图中点选"草坪1"物体，在"修改器列表"中点选"UVW贴图"项，并把长度及宽度都定为"80m"，然后"快速渲染"一下，看效果。

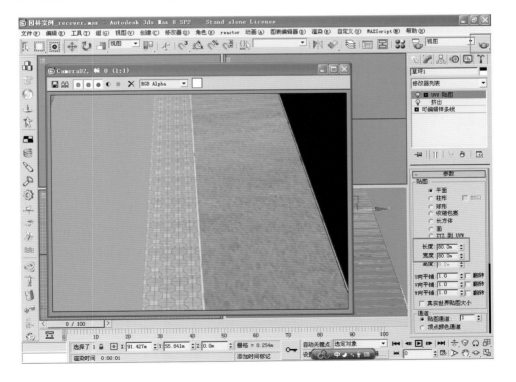

（17）"路沿石1"显得过于纤细，我们把它加厚一些，在视图中点选它，在修改器堆栈中点击样条线，把顶视图局部放大，选择它的外沿样条线，"删除"它。

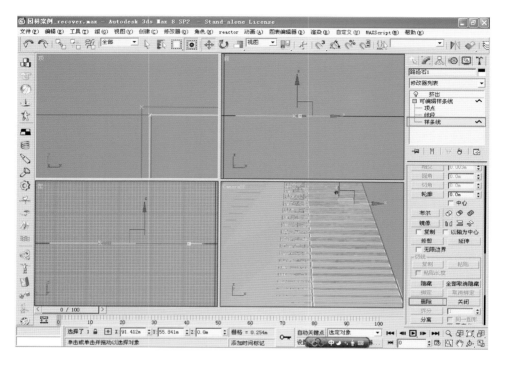

（18）点选剩下的样条线，在"轮廓"中给它一个"0.2m"的数值，再点击"修改器堆栈"中的"挤出"项，发现路沿石变厚了，并赋予它一个"UVW贴图"，在"UVW贴图"参数选项中，选择"长方体"，长、宽、高度都为"2m"。

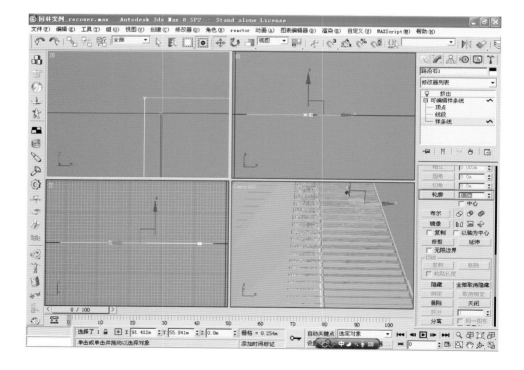

（19）点选人行道位置的原样条线，在"轮廓"中给它一个"–0.2m"的数值，并在"修改器列表"中选"挤出"，数量为0.3m，打开"材质编辑器"把材质球2的材质赋予它，并在"修改器列表"中给它一个"UVW贴图"，长度、宽度、高度都为2.0m。

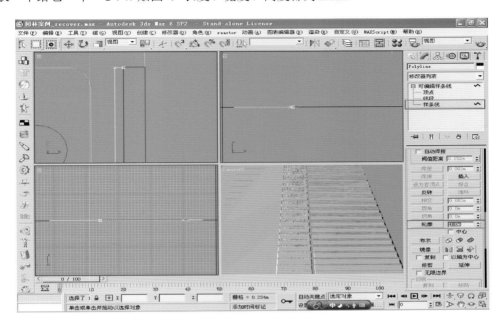

任务七　制作道路左侧的人行道及小广场

（1）"显示"按钮中"隐藏"部分，"按点击隐藏"，在视图中将完成"草坪"及"路面1"隐藏，以便于制作其他物体。

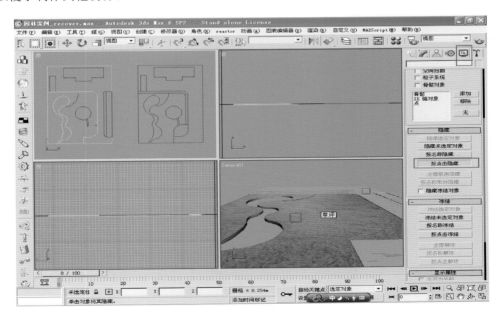

（2）在顶视图中，将L形人行道图形中的样条线合成一个图形，选择任一样条线，在"修改器"中点击"附加"，用选择键点击其他样条线。

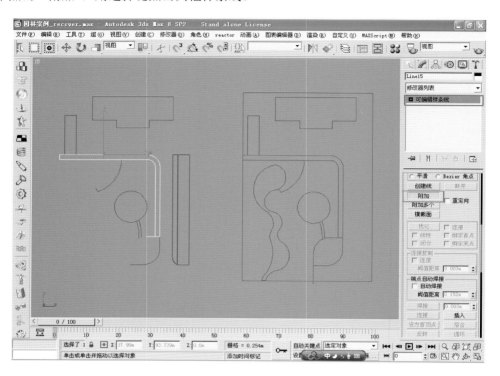

（3）在"修改器列表"下拉式菜单中，点击"修剪/延伸"，"拾取位置"把多条样条线剪掉。

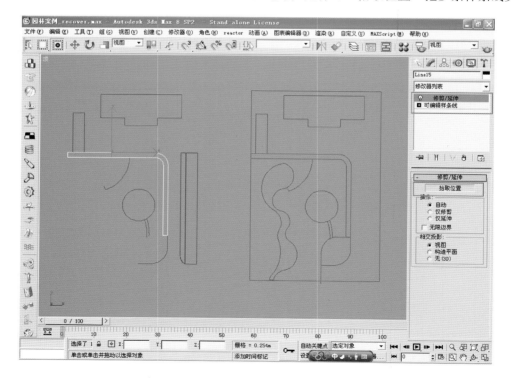

（4）在"修改器堆栈"中点右键，塌陷全部，在"可编辑样条线"中选"顶点"框选全部顶点，点击"焊接"。

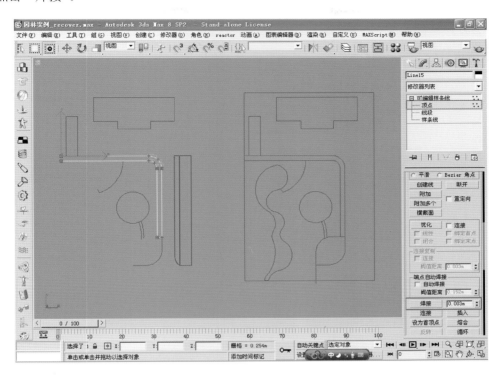

（5）在"修改器列表"中点"挤出"，高度为0.2m，并命名为"人行道2"。

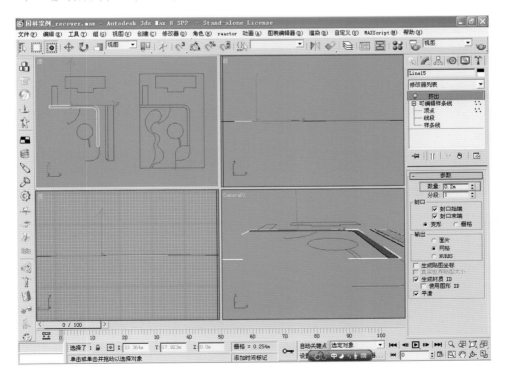

（6）打开"材质编辑器"，把第三个材质球材质赋予它，并给它一个"UVW贴图"，默认"平面"，长度为"3m"。

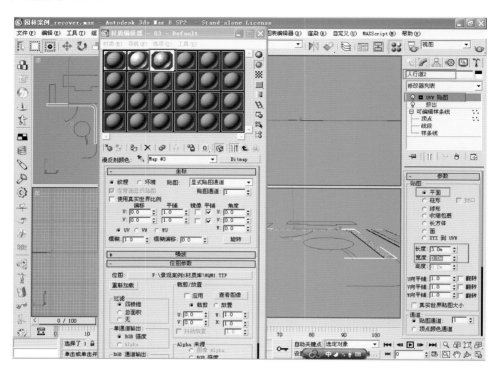

（7）在右侧图形中复制入口小广场的图形。

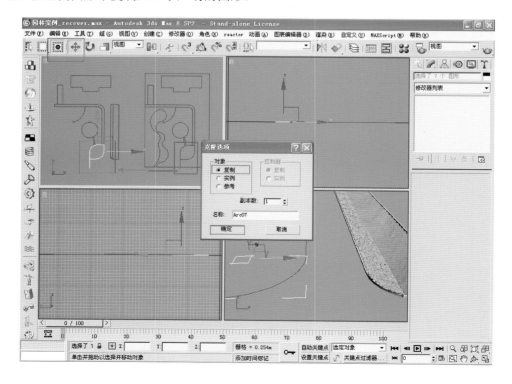

（8）任选其中样条线，在"修改器"中点"附加"，在顶视图中点击其他样条线，使其成为一个图形，并在"可编辑样条线"中选顶点，移动点使样条线交叉，以便于下一步"修剪"。

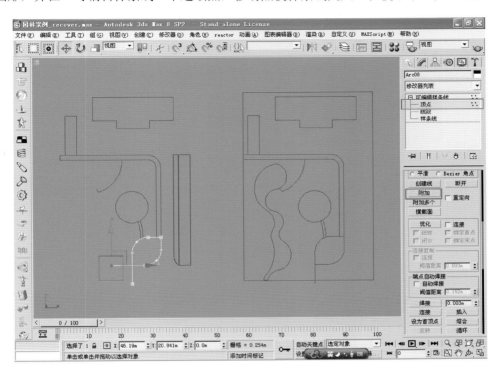

（9）在"修改器列表"下拉菜单中选"修剪/延伸"，点击"拾取位置"后在顶视图中修剪掉多余样条线，"塌陷全部"，选择全部"顶点"，"焊接"。

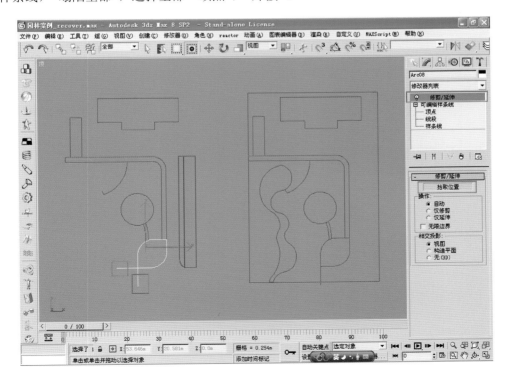

（10）在"修改器列表"中找出"挤出"，数量为"0.2m"，并命名为"广场01"。打开"材质编辑器"点选第四个材质球，把高光级别调为"50"，光泽度为"21"，点选"漫反射颜色"右边的贴图按钮，选"位图"，点击确定。

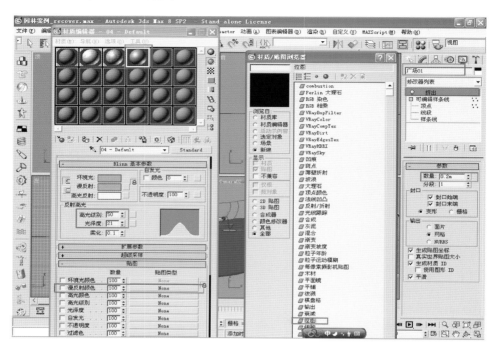

（11）在"材质库"中选"广场砖.jpg"贴图，将材质指定给选定对象，并在"修改器列表"中点击"UVW贴图"默认平面贴图，长度设为6.0m，宽度设为6.0m，适时调整Camera02视图，观察贴图效果。

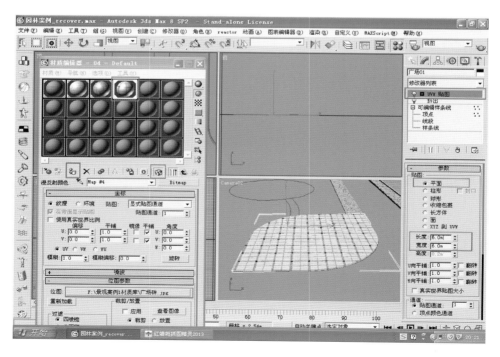

（12）选择中心图形，在"修改器列表"中点选"挤出"，确认数量为"0.2m"，打开"材质编辑器"点击第五个材质球或者按着"上档键"用鼠标左键移动第四个材质球到第五个材质球，这时第四个材质球所有信息均被复制到第五个材质球，但是名字也一样，只需改一下名字即可。我们把它还改为05，然后在位图参数、位图横钮中点击，并在材质库中点选"广场砖2"。

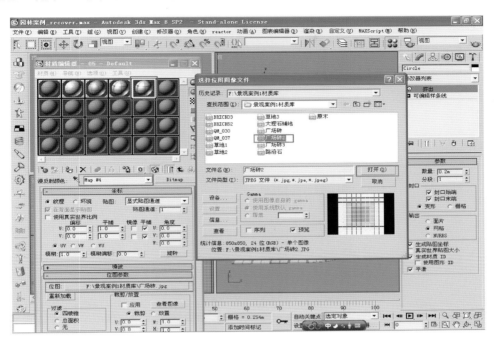

（13）在顶视图中任意处点左键取消所有选择，下一步制作两个广场中间的鹅卵石路面，在备用图形中复制这一部分样条线。

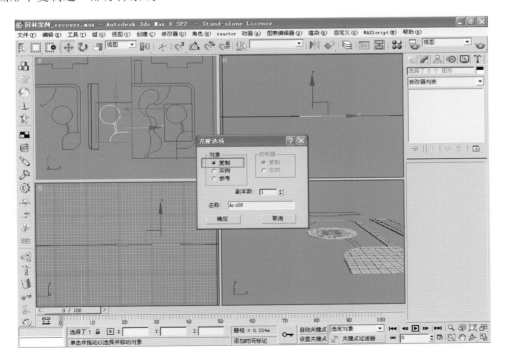

（14）将这些样条线附加成一个图形，利用"修剪/延伸"将多余样条线修剪，如果不可修剪，移动顶点，使线条交叉，得到图形并移动到其位置。

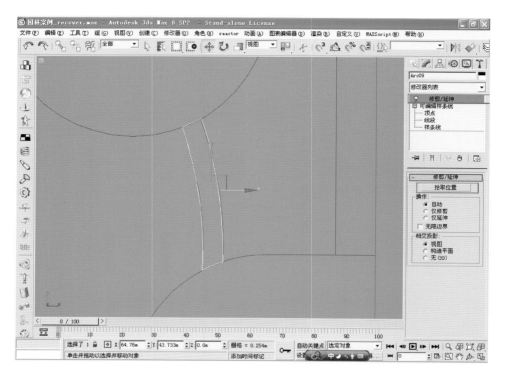

（15）将此图形顶点"焊接"并"挤出"0.2m作为路面，打开"材质编辑器"，把05材质球材质复制到第六个材质球，名字改成06，在位图参数、位图中选材质库中BRICK62.jpg贴图。

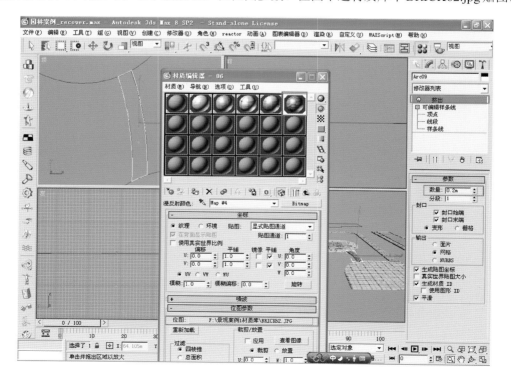

（16）在材质编辑器中，按上档键并用鼠标左键拖动漫反射颜色贴图中材质到凹凸贴图类型框中，数值调为60，使鹅卵石贴图有立体感，给这个路面命名为"鹅卵石路"，并给它一个"UVW贴图"，长度调为5.0m，宽度设为2.0m。

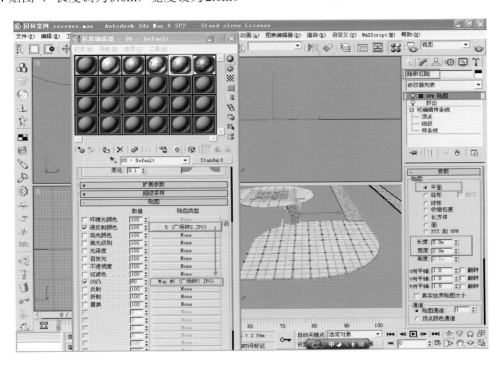

（17）制作路沿石，还是选择备用样条线，将这一部分的样条线再复制过来，可按着Ctrl键点击，多选，然后按着上档键移动选择部分复制。

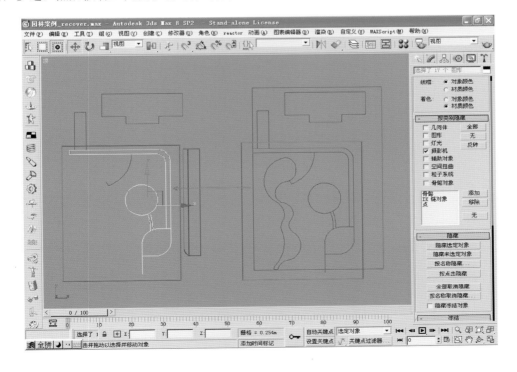

（18）点"显示"中"隐藏"框中"隐藏未选定对象"以便于编辑。

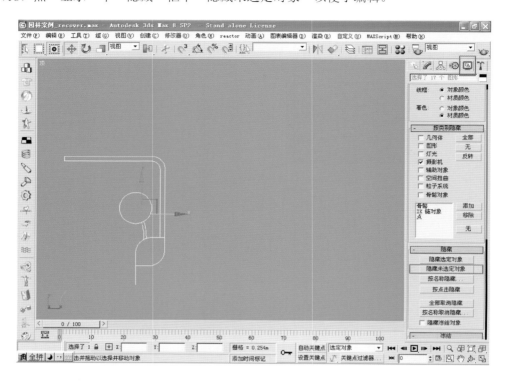

（19）任选一个样条线，在"修改器"中点击"附加"并在视图中点击其他样条线，使其成为一个图形。再点击"附加"以取消选择。在"可编辑样条线"中选顶点，移动各点如图。

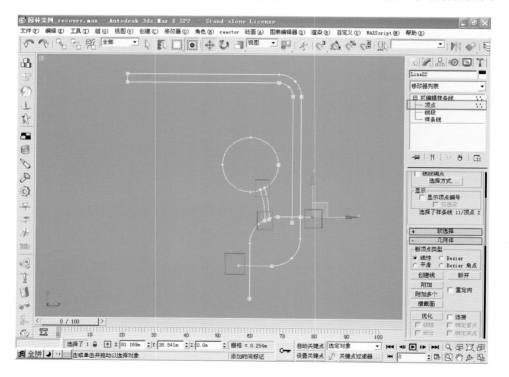

（20）在"修改器列表"中点选"修剪/延伸"，修剪掉多余的样条线，如图。

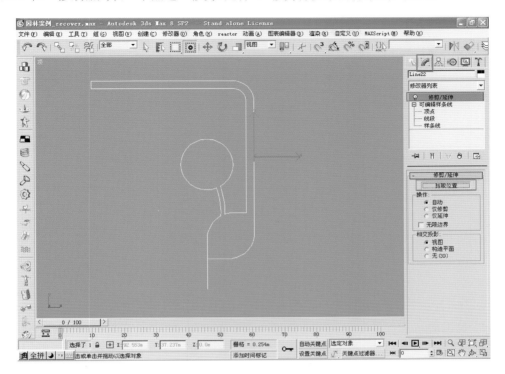

（21）在"修改器堆栈"中点右键，塌陷全部，然后编辑"顶点"，全部选择顶点，点击焊接，使图形闭合。

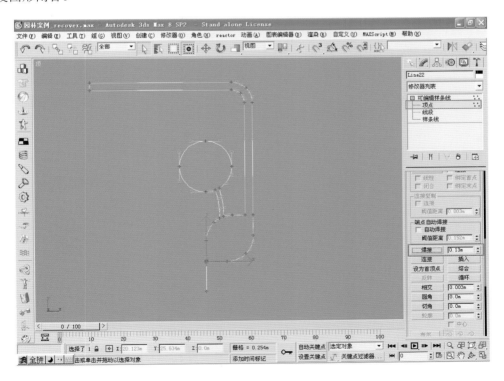

（22）在下拉菜单下方"轮廓"钮处输入"0.2m"，给它一个路沿石厚度，这时检查右下方接口处，此处不是一个闭合图形。

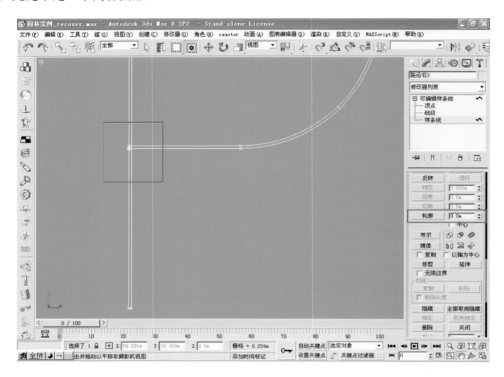

（23）还是利用"修剪/延伸"命令把此处多余线段修剪掉。

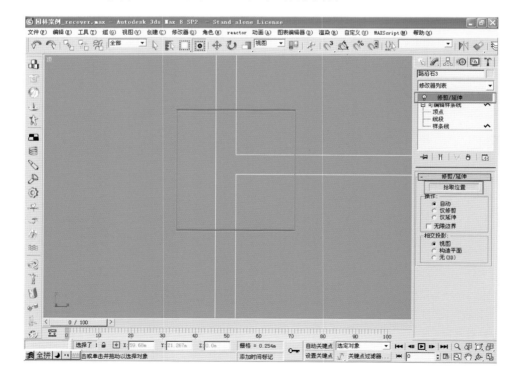

（24）选择所有顶点，"焊接"点，然后"挤出"图形，给它"0.3m"的高度。

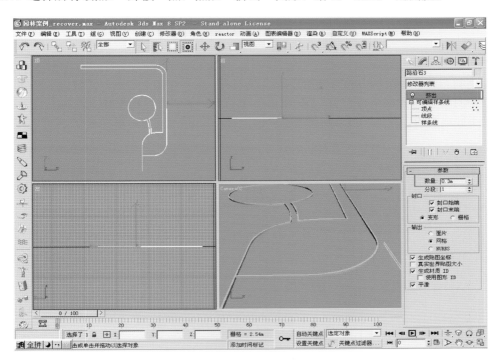

（25）打开"材质编辑器"，将第二个材质球路沿石材质赋予它，并给它一个"UVW贴图"，参数为长宽高都是"2.0m"的长方体贴图。

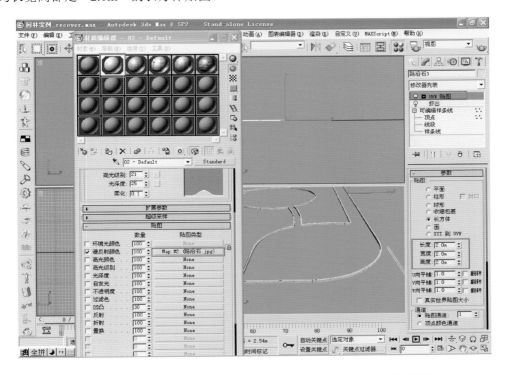

在"显示"中点击"全部取消隐藏"，所有视图最大化，看一看这时的效果。

任务八　制作河流周围的石砌体

（1）复制右侧备用图形中的河流的样条线过来（注意"焊接"顶点），"挤出"、"–0.1m"的厚度，然后打开"材质编辑器"，在"材质库"中给它一个"水"的贴图（注：在"焊接"后，如果还是不能成为闭合图形，可适当加大"焊接"后的数值），并命名为"水"。

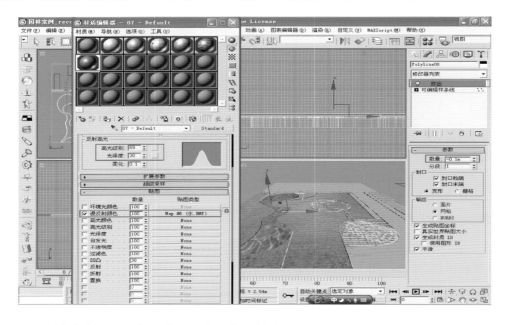

（2）在"材质编辑器"中，赋予河流一个反射贴图，点击反射右边的横钮，在弹出对话框中选择"光线跟踪"，点击确定，把"反射"的值设为"20"。

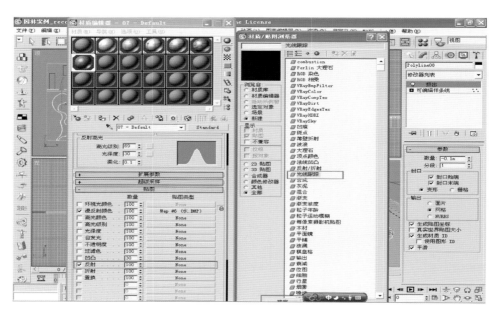

（3）在"修改器列表"中选"UVW贴图"给"水"一个贴图，默认"平面"，长度为"6m"，宽度为"22m"。

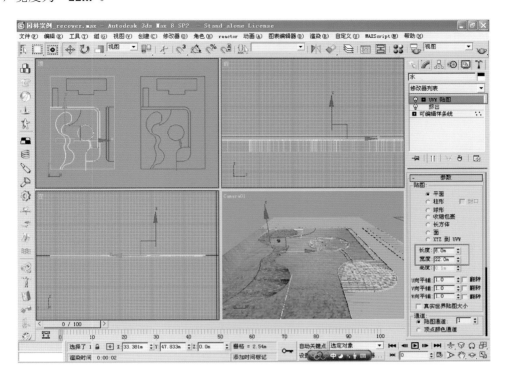

（4）确定"水"为选择状态，在"显示"栏中，点击"隐藏选定对象"，然后，继续复制右侧备用图形中的河流的样条线过来。

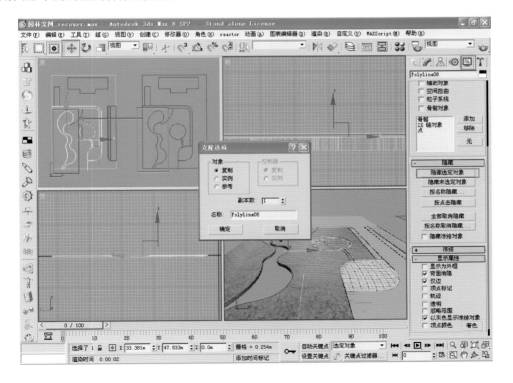

（5）点击"修改器""可编辑样条线"中的"顶点"，"焊接"所有点，焊接值为"0.1m"，另选"样条线"项，在"轮廓"中输入"–0.2m"值并"挤出""1m"，作为河边砌体。

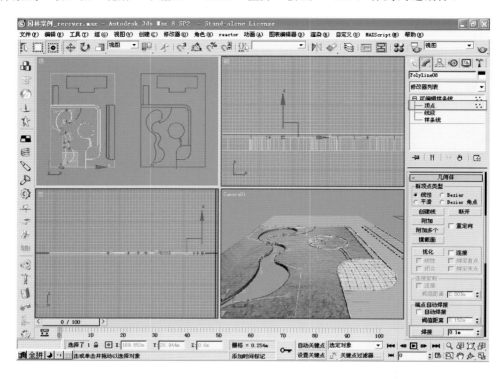

（6）向下移动位置使其高出草坪"0.1m"左右，赋予它"路沿石"的材质，"UVW贴图"为"长方体"，长宽高均为"2.0m"，点击全部"取消隐藏"，观察一下效果。

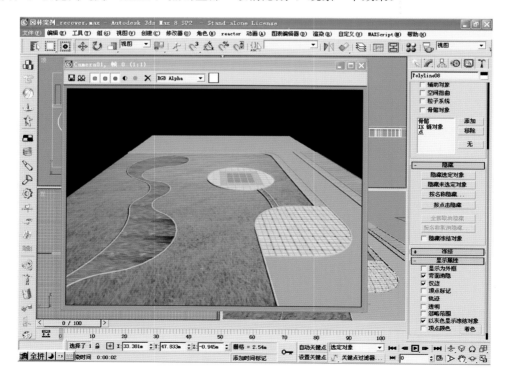

（7）亲水平台及河边小路制作。框选所有编辑物体，点击"显示"中"冻结选定对象"，在右侧备用图形中选择样条线。

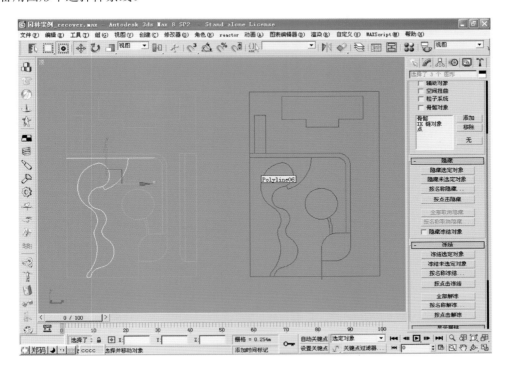

（8）给"河流"样条线一个"轮廓"为"3m"，移动顶点，使样条线交叉，同时调整右下方两点，选择点，使其变红色，点击鼠标右键，在弹出对话框中点选"Bezier角点"，调整黄色手柄至图中形状。

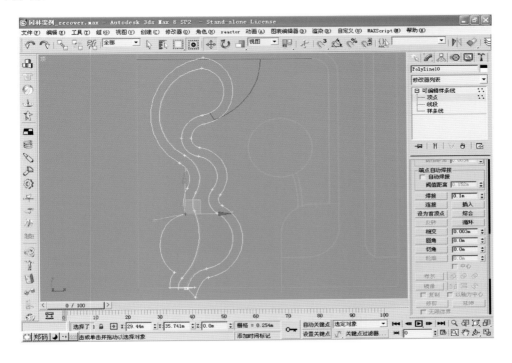

（9）将样条线合为一体，利用"修改器列表"中"修剪/延伸"项修剪多余样条线，"焊接"所有点，挤出一个"0.1m"厚度。

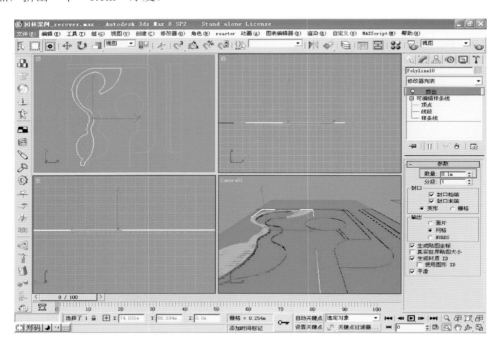

（10）打开"材质编辑器"，在第08材质球上导入"广场砖3.jpg"贴图，并给它一个"UVW贴图"坐标，长度为"4.0m"，宽度为"4.0m"。

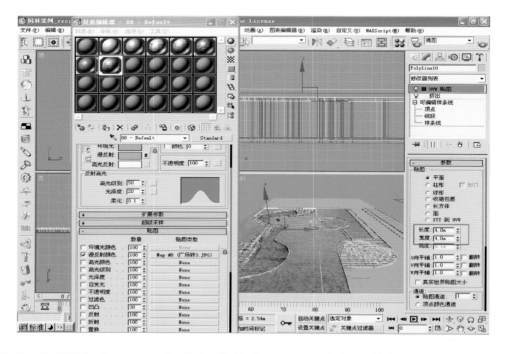

将左视图调整为"Camara01"视图，将原"Camara01"视图调整为"Camara02"视图，以便于观察。

任务九　制作大型石块

（1）将视图调整如图，在河流北岸制作一个长方体，点"创建""几何体"，"长方体"命名为"石头1"、长为"2m"、宽为"5m"、高为"1.5m"并分段。

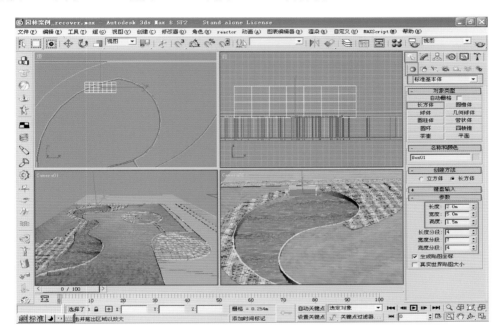

（2）在"修改器列表"中点选"编辑多边形"。

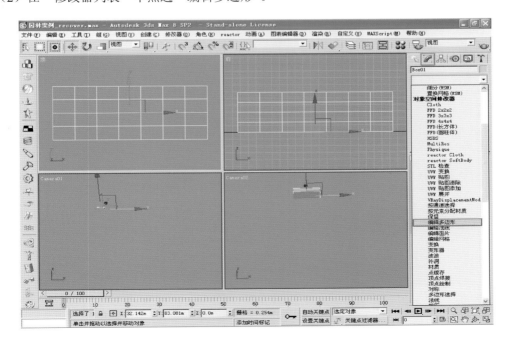

（3）利用"点""面"的移动使长方体变成接近"自然"的石头形状。

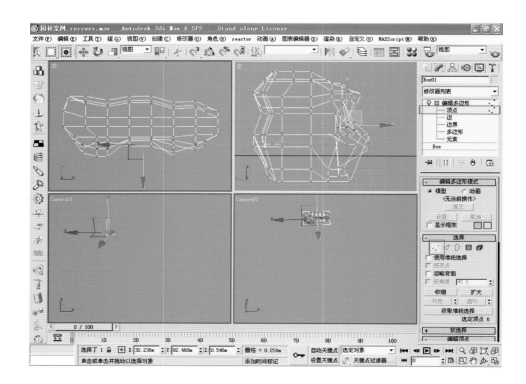

（4）在"修改器列表"中，点击"平滑"，并在"平滑组"中选择"2"。

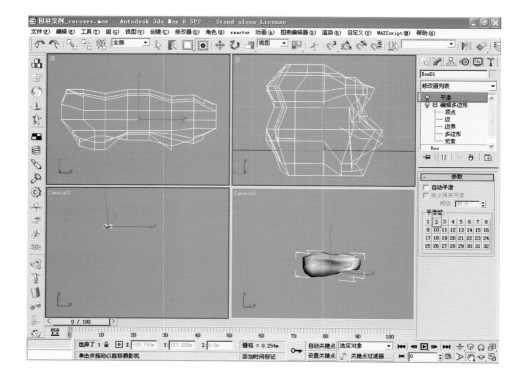

（5）打开"材质编辑器"，在"材质库"中选择"QM-037"贴图文件，把贴图复制到"凹凸"项并输"180"的值，然后赋予物体，利用"UVW贴图"坐标调整石头贴图。

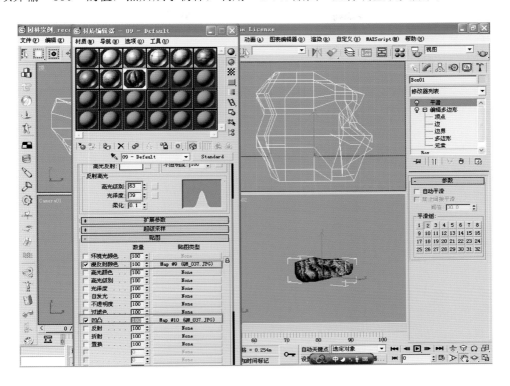

（6）利用此方法，制作多个自由形体的石头，组合在一起，如图所示。

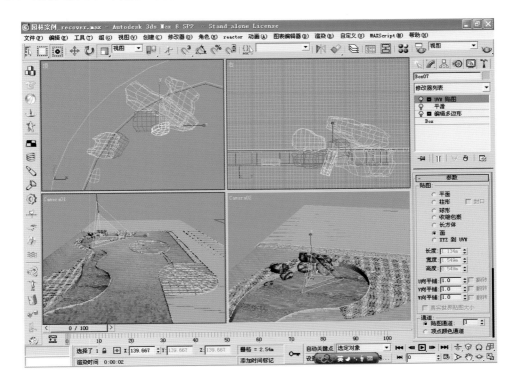

任务十　制作地板亲水平台

（1）将顶视图最大化，"创建""长方体"，输入长为0.2m、宽为3m、高为0.1m，制作一个木方。

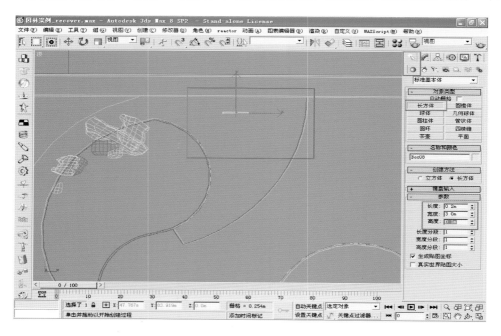

（2）按上档键，用鼠标左键向下移动木方，复制"40"个。并在"修改器列表"中点击编辑多边形，在下拉菜单中点"附加"将复制的其他长方体都合成为一个物体。

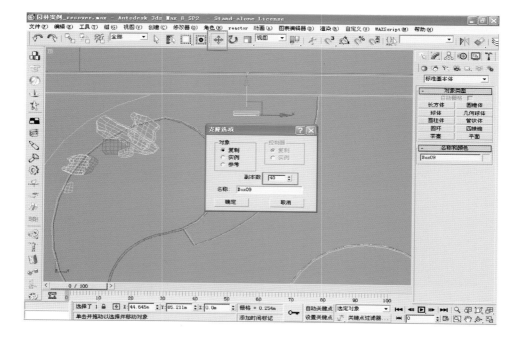

（3）制作一个长方体，长15.8m、宽0.2m、高0.1m，作为木地板模支撑，注意：长度设为"60"，并制作4个站柱，高为2m，宽、长均为0.2m，并附加为一个物体，命名为"木地板1"。

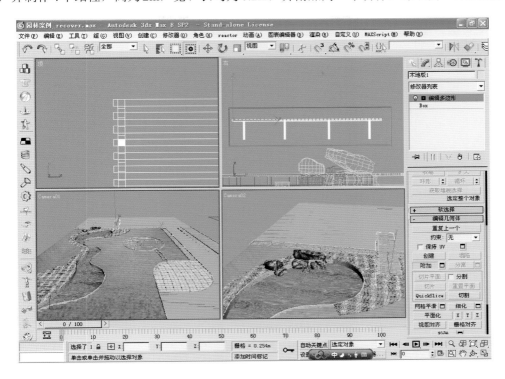

（4）打开"材质编辑器"，给第10个材质球一个"原木"贴图，赋予"木地板1"，调整"UVW贴图"，长方体贴图长、宽、高为5.0m。

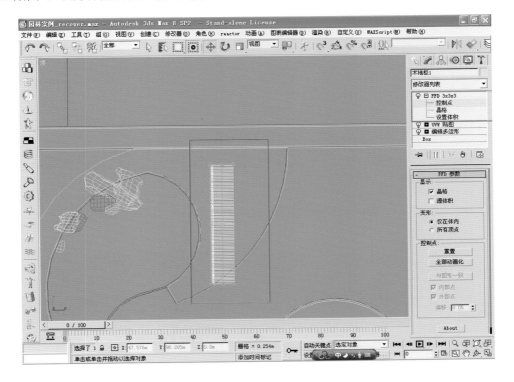

（5）在"修改器列表"中点击"FFD3×3×3"变形盒，在"修改器堆栈"中点"FFD3×3×3"中"控制点"。

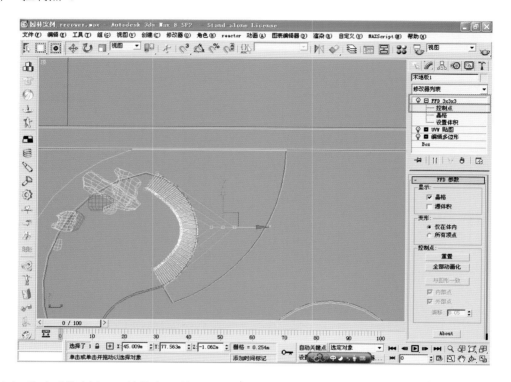

（6）移动"控制点"，使其变形符合河流的弯度并移动到亲水平台的位置。

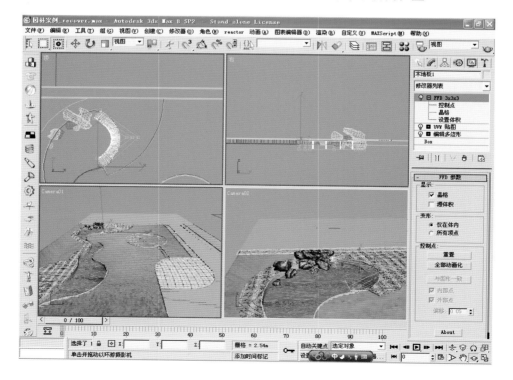

（7）从右侧备用图形处复制过来亲水平台的样条线，制作路沿石，步骤同上。

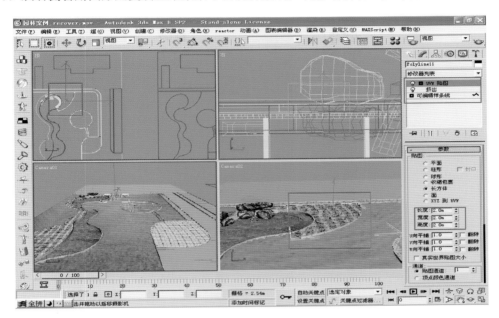

任务十一 制作木桥（将顶视图最大化，用缩放区域框选下方的湖面位置）

（1）用"创建""几何体""长方体"创建一个长为"2.4m"、宽为"0.2m"、高为"0.1m"物体，按着上档键，用鼠标左键点击移动复制26个，制作两个下模撑与支撑，并用同样的方法制作护栏。

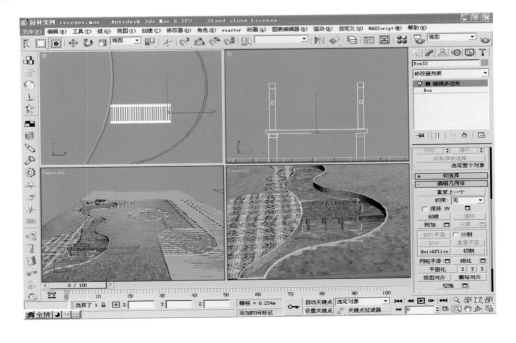

（2）复制3个，并运用"修改器"中编辑多边形中的"顶点""元素"等编辑木桥，如图所示，并把它们合为一个物体。

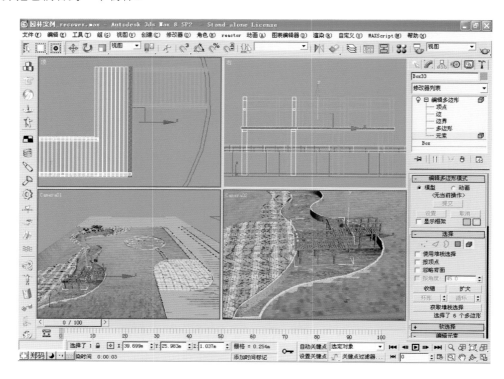

（3）制作连接木桥与入口广场的石板路，最大化顶视图。建立大小不等、高低不同的长方体，错落有致地布置在木桥与广场之间，把材质库中的"BRICK04.jpg"赋予它，如图。

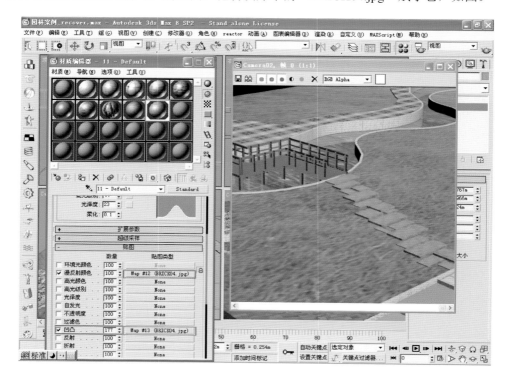

（4）在入口广场建立一个长度为0.4m、宽度为6.0m、高度为1.8m的物体，命名为"景观墙"。

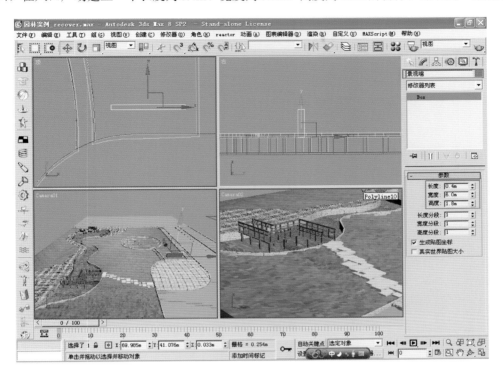

（5）打开"材质编辑器"，点击第12个材质球，在"材质库"中找到"景观墙.tif"贴图，赋予它。

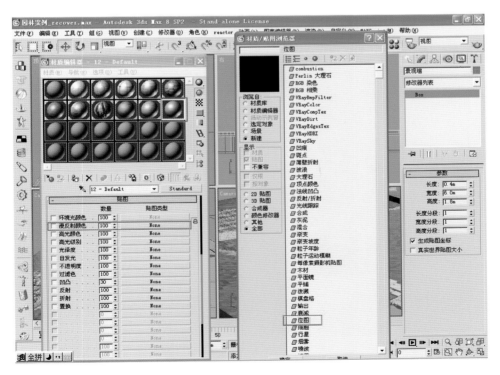

（6）利用"UVW贴图"坐标调整，并把"漫反射颜色"中贴图复制到"凹凸"贴图中，给一个"260"的数值，观察结果。

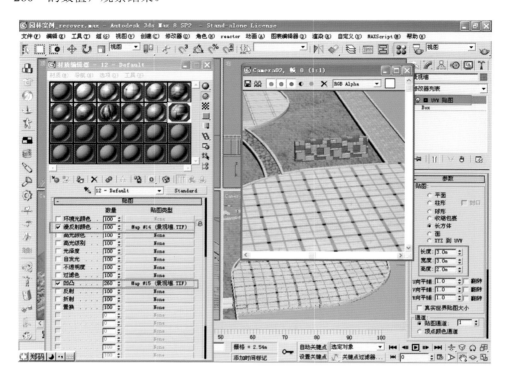

（7）再复制一个大小调整为长0.4m、宽2.6m、高2.6m的墙体，原墙体宽度调整为4.8m，前后呼应。

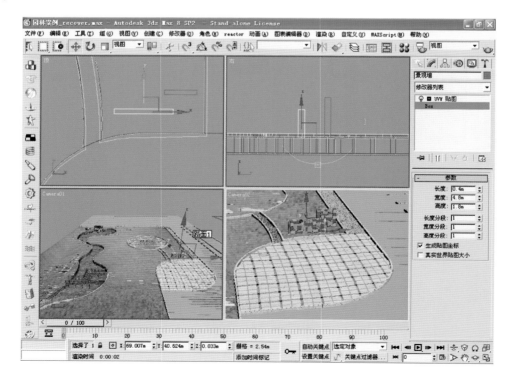

任务十二　制作木质走廊（调整视图，以便于编辑）

（1）在右视图中，画出花架上部横梁的造型，用"创建""图形""线"制作。

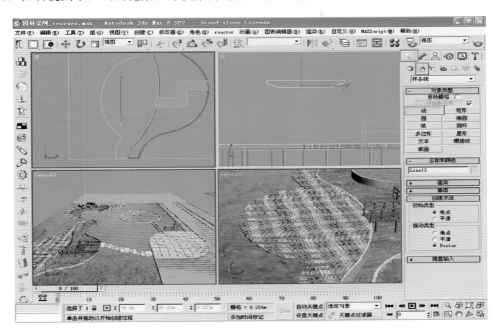

（2）把下方的"两点"变成"Bezier角点"用手柄编辑，并"挤出"图形得到一个横梁，复制20个。

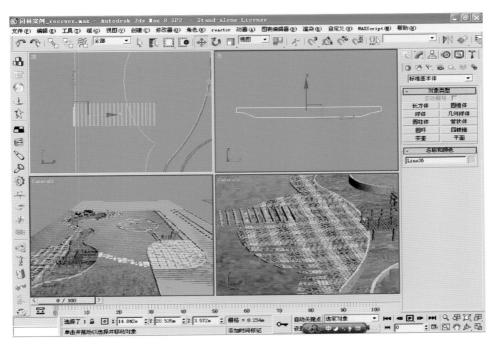

（3）在右视图中创建一个长为0.25m、宽为0.25m、高为11.3m的长方体，高度分段为30，之所以分段是因为下一步用变形盒时长方体可变成弧形，如果不分段，读者可以试一下结果如何。

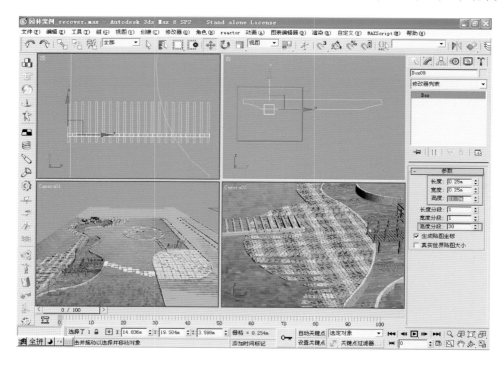

（4）任选一个多边形，打开"修改器"，用附加把其他形体合为一体，在顶视图中建立长宽为0.25m、高为3m的长方体，作为木立柱，向下复制一个长宽为0.3m、高为0.6m的长方体作为石柱。

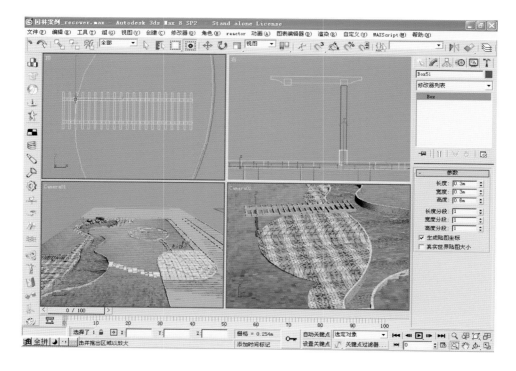

（5）把木柱及石柱材质赋予它们，并复制柱子如图所示，把柱子与横梁等合为一体，当"附加"石柱时，在弹出对话框中点选"匹配材质ID到材质"，这样石柱材质不变，将其命名为"木制走廊"。

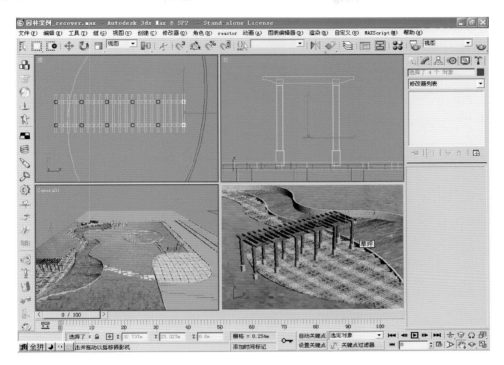

（6）在顶视图中，制作一个长为3.7m、宽为11.7m、高度为0.15m的长方体，作为木制走廊的基座，注意：宽度分段也为"30"。

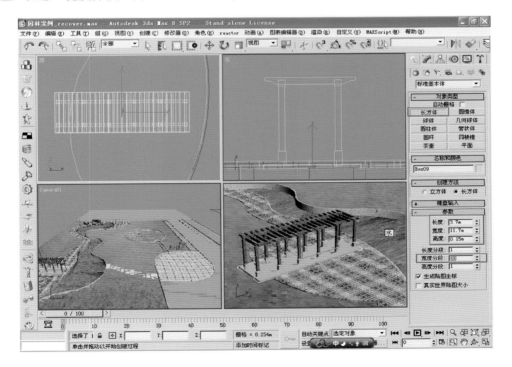

（7）将"路沿石"材质赋予它，给它一个长宽高为"2.0m"的"UVW贴图"坐标，并将它与"木制走廊"合为一体。

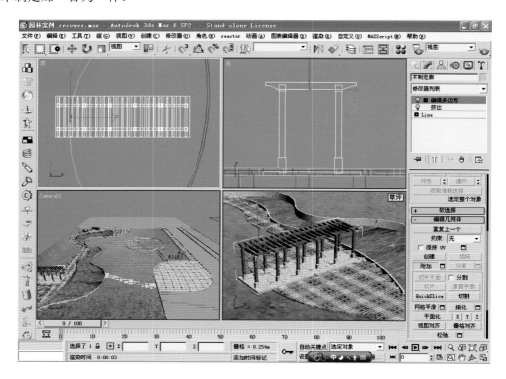

（8）在顶视图中，沿Z轴旋转90°，在"修改器列表"中打开"FFD3×3×3"变形盒，点击"控制点"。

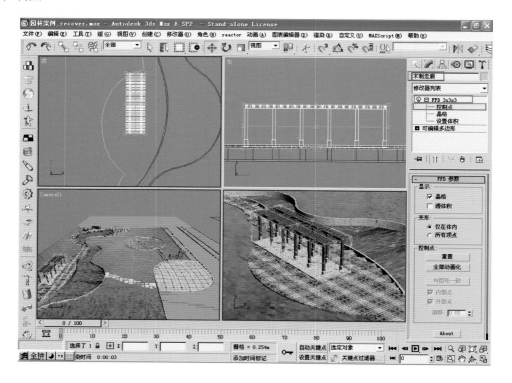

（9）在顶视图中用鼠标左键框选中间的"控制点"移动到适当位置，如图所示。

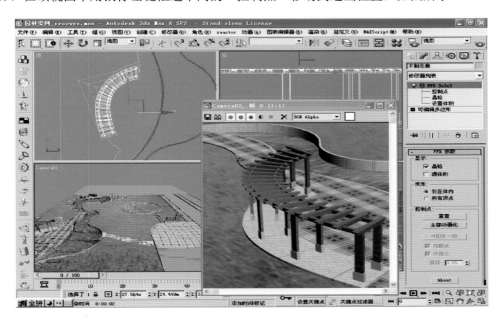

任务十三　导入亭子模型

在设计过程中，也可以借助资料库中适合的3DS MAX模型，可省时省力，现在借用一个亭子造型的3DS MAX模型。

（1）在"文件"中点"合并"。

（2）在"材质库"中选定亭 MAX 文件，并在对话框中点击【组-亭】，点击确定。

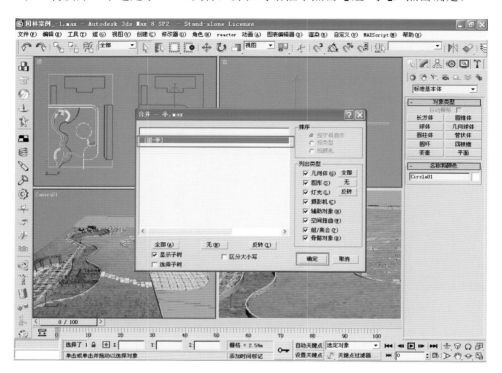

（3）在视图中找到【组-亭】，选择并移动到图形中的广场位置，下一步编辑它的材质。

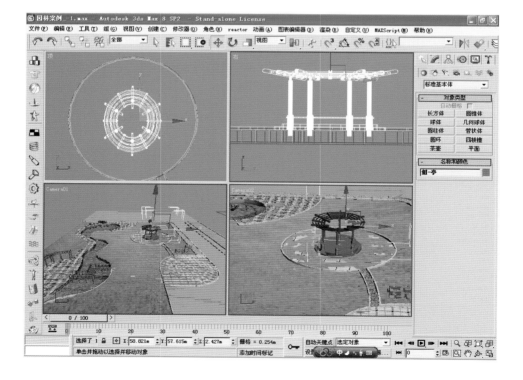

（4）首先，确定"亭"为选择状态，点击"组"中的"打开"。

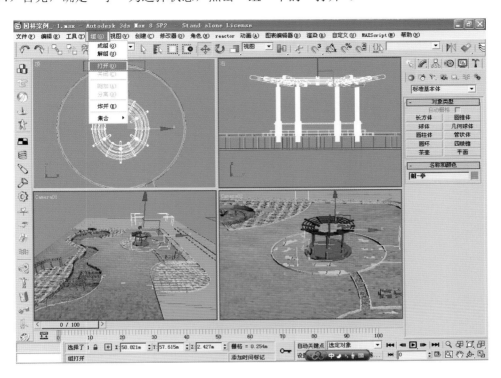

（5）先选择亭子上的木质骨架部分，即"亭顶"，打开"材质编辑器"，将第10号木质材质赋予它，并赋予"亭座"。

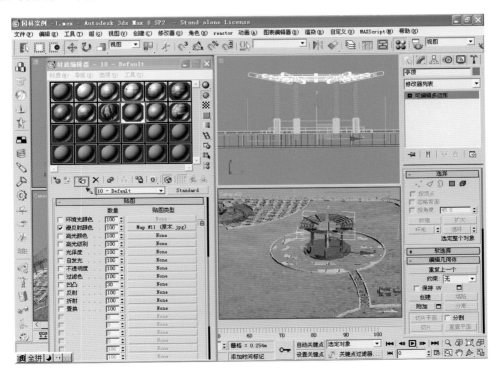

（6）分别选择"亭"中的"亭基""亭柱墩"部分，将"材质编辑器"中的第2号材质赋予它们。

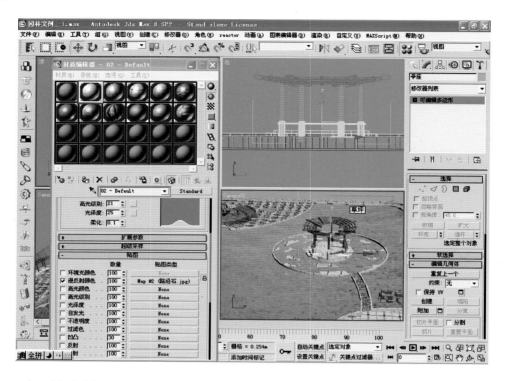

（7）在"材质编辑器"中编辑第13号球，调整为红色油漆赋予亭柱，点击"亭"外粉色外框，使"组"成选择状态，"关闭组"。

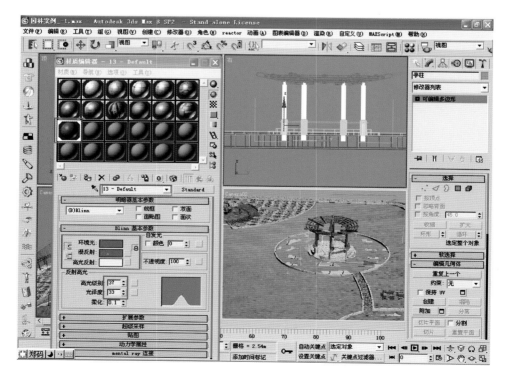

任务十四　合并建筑物

进行到这儿，大的景观区域基本完成，把事先制作好的建筑物合并过来看整体效果。

（1）为了便于编辑，将所有物体冻结，在"显示"中"冻结"对话框中，先选"冻结选定对象"，再选"冻结未选定对象？"这样把所有物体冻结。

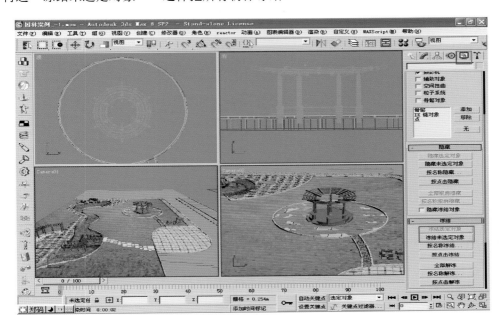

（2）在"文件"中点击"合并"，在材质库中，找到"办公楼"文件夹中的"主楼"文件，点击"打开"。

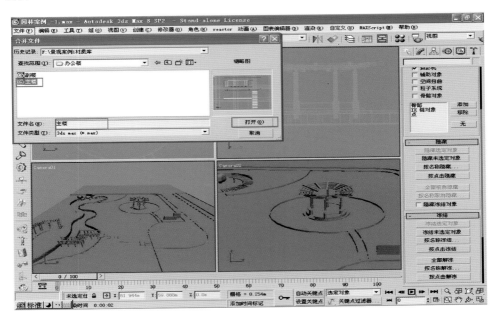

（3）在"视图"中找到"主楼"并移动相应位置。

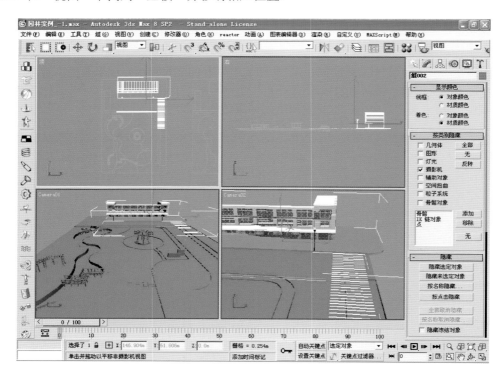

（4）将其地面部分删除，"组""删除"，并利用其斑马线，安置到合适的位置。

点击"斑马线"可以利用"修改器"中的"元素"删除掉多余的元素，也可以复制元素。

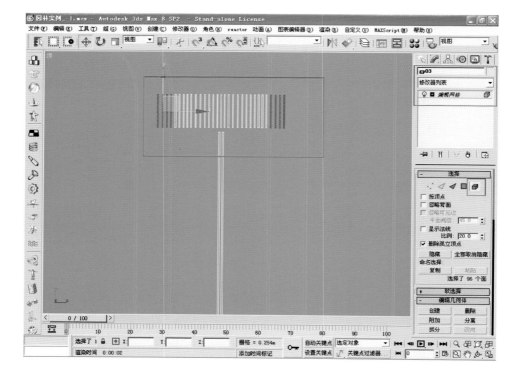

（5）为了能更好地把"斑马线"放在"路面上"，可以在"显示"中把路面解冻，"按点击解冻"，调整为如图。

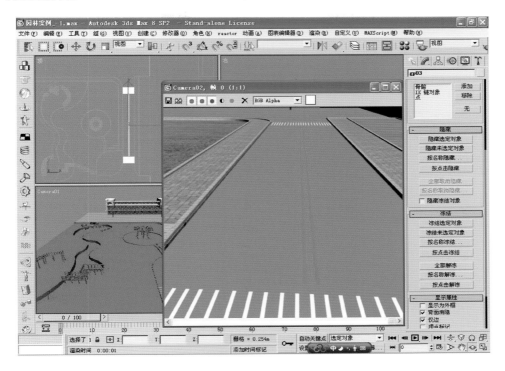

（6）将调整好的冻结，随时调整"Camara02"摄像机到编辑的局部区域，现在到"主楼"部分，发现主楼有个缺陷，顶部为空的，"创建"一个长为"13.6m"、宽为"38m"、高为"0.1m"的长方体，调选白色即可，安放在屋顶的位置，就完成了。

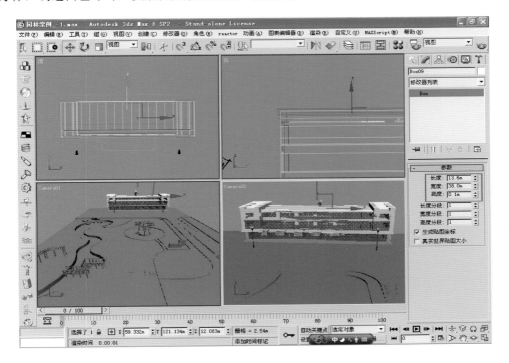

（7）将楼前路灯"缩放""60%"，复制10个，安放到路两边，将其和主楼冻结。

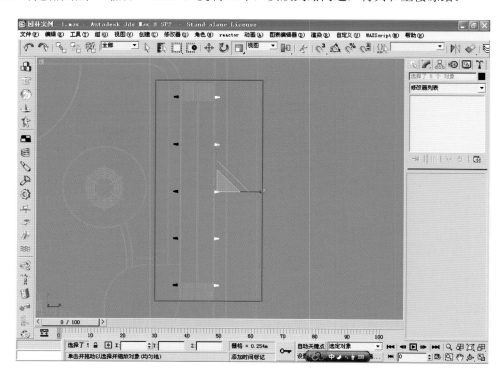

（8）以上述方法，将"材质库"中"副楼""合并"过来，有材质名称是场景中材质的重复名称，改一下名字，然后点击"使用合并材质"即可。

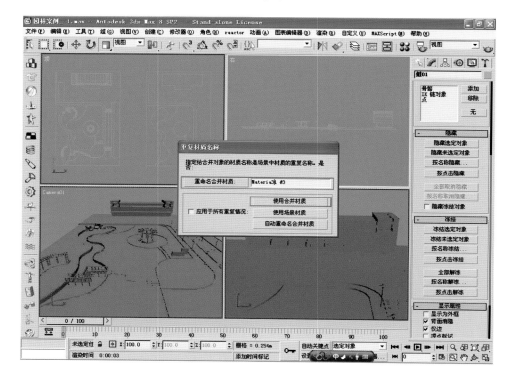

（9）将其安放在水面相应位置，同样给它制作一个屋顶。

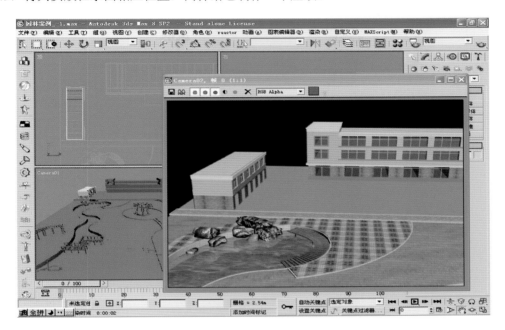

任务十五　制作围墙

（1）在右侧备用图形中，用"按点击解冻"把外框解冻复制过来后，在"修改器"中"可编辑样条线"中点击"样条线"的"轮廓"输入"0.3m"的厚度。"挤出""3m"高，给它本身一个白色即可。

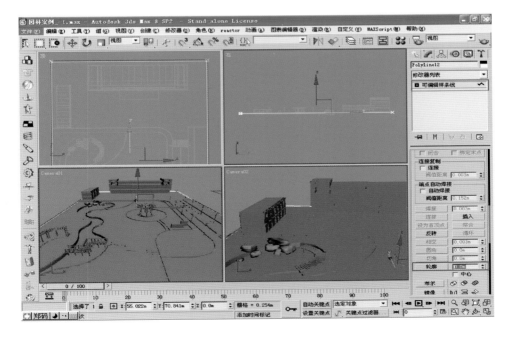

（2）"创建"一些大小不一的"圆柱体"并合为一体组成一个道路，赋予它"路沿石"的材质，如图。

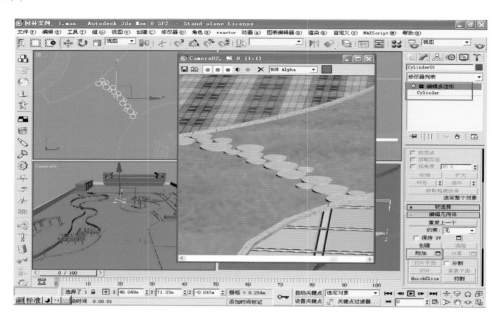

任务十六　创建灯光

全部解冻，将原备份的图形点击隐藏，将所有视图最大化显示。下一步"创建""灯光"并调整画面。

（1）点击"创建""灯光"中"汽光灯"，并在顶视图左下方点击右键，创建了一个"灯光"向上移动并注意观察。

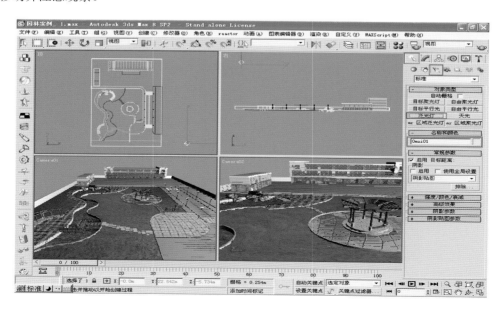

（2）进入"修改器"面板，调整"灯光"参数，在阴影栏中，勾选"启用"，点击三角按钮在下拉菜单中选择"光线跟踪阴影"，在"强度/颜色/衰减"栏中"倍增"设为"1.3"，渲染看一下效果，会发现阴影区域太重。

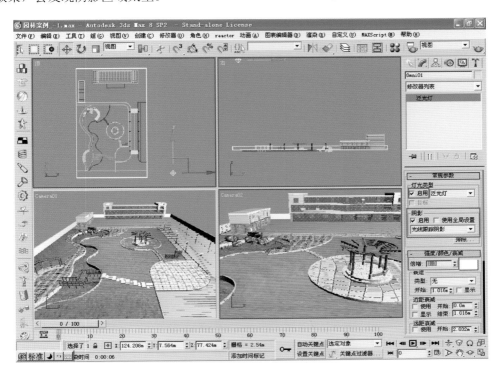

（3）将下拉式菜单向上移动，点击"阴影参数"，将"密度"设为0.6。

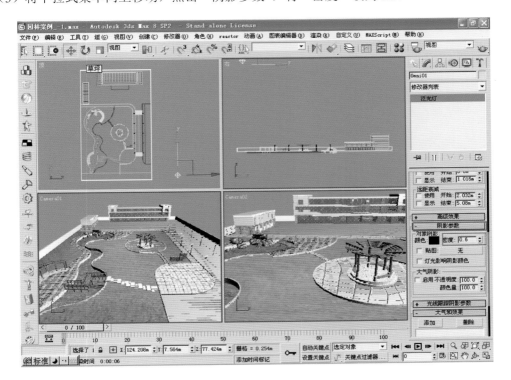

（4）再在顶视图的左侧"创建"一个"omni灯光"，作为补充照明，强度设定为"0.3"。

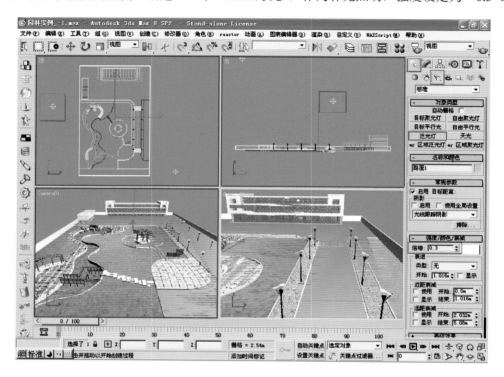

（5）通过观察，发现地面颜色再深一点为好，打开"材质编辑器"，点击第14个材质球，将环境光调整为如图所示，并赋予路面。

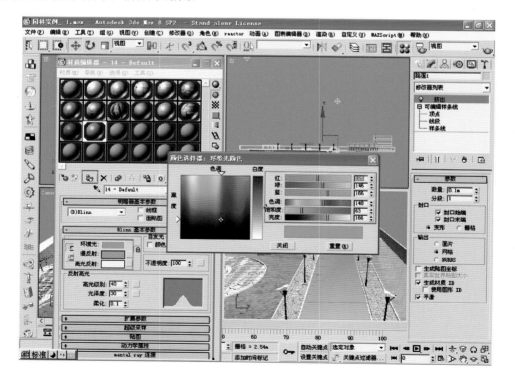

任务十七　制作背景图案

在画图过程中，应随时注意保存进度。现在，为它配上背景图案。

（1）调整"摄像机"直到适合的角度为止，点击"渲染"在下拉式菜单中点击"环境"，在"环境贴图"横钮上点击，选择"材质库"中"园林背景.jpg"，作为编辑贴图。

（2）渲染一下，如下图所示。

（3）在MAX中工作完成。将图渲染输出，点击"渲染场景对话框"，在对话框中，输出大小中宽度设为"2400"，高度设为"1800"，默认尺寸为800×600，这样做是为了图形渲染更大更清晰。

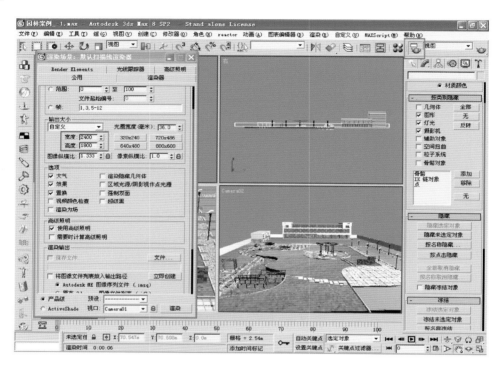

（4）点击对话框下方"渲染输出"右边的"文件…"按钮，给文件命名为"庭院"，保存类型为"JPEG文件"，并保存在硬盘中。

学生利用3DS MAX软件练习基本命令，绘制效果图。

实训练习四　3DS MAX基本绘图命令的使用

本节将以几个实例为大家进一步介绍3DS MAX 8.0中一些常用的建模命令以及简单实用的建模方法。

练习1　创建标准基本体及复合对象建模的应用——创建各式门洞

◆ 图例说明

本图例是3DS MAX基本建模方式中的一种，是应用创建标准基本体及复合对象中的布尔功能创建园林景墙各式门洞。其效果如图5-1所示。

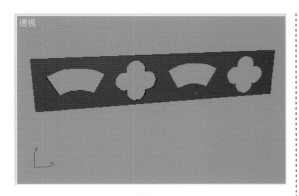

图 5-1

◆设计思路

本图例主要是运用了创建标准基本体的命令创建景墙物体，运用修改器列表中的弯曲功能，创建扇形物体，灵活利用间隔工具创建海棠形状物体，继而利用布尔运算功能镂空出各式门洞。

◆绘制步骤

（1）启动 3DS MAX 8.0。

（2）单击"创建\几何体\标准基本体\几何体"，如图 5-2 所示。

图 5-2

（3）在顶视图中创建长方体作为景墙。

（4）在顶视图中创建长方体，将分段数设为 10，单击"修改\修改器列表\弯曲"，沿 X 轴将其弯曲成扇形。并移动到景墙的合适位置。如图 5-3 所示。

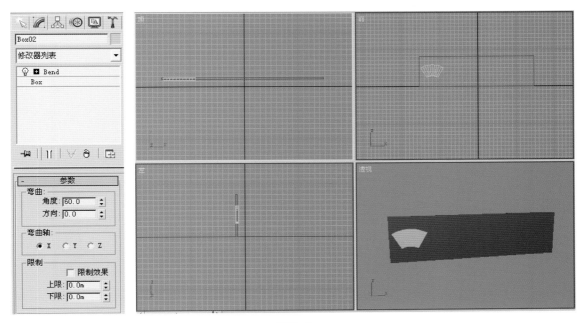

图 5-3

（5）在前视图中创建 5 个圆柱体，将其排列成海棠形状。并"移动"到景墙的适当位置。如图 5-4 所示。

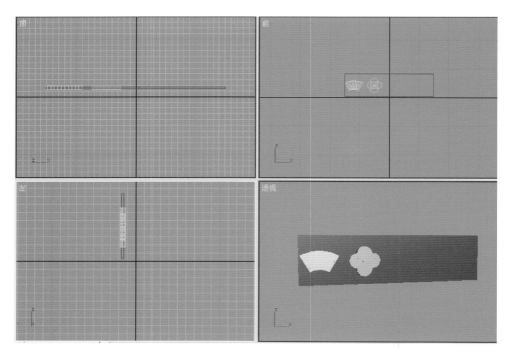

图5-4

（6）在顶视图中，将以上门洞几何体复制一份，并"移动"到景墙的合适位置。如图5-5所示。

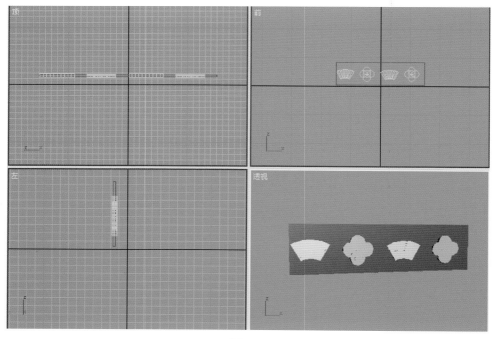

图5-5

（7）在透视图中，选中景墙物体，点击"创建\几何体\复合对象\布尔"，如图5-6（a）所示，其下方弹出菜单，如图5-6（b）所示，选中 ⦿ **差集(A-B)**。

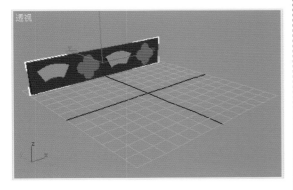

图5-6

点击 拾取操作对象 B ，点选扇形门洞物体，出现如图5-7所示镂空效果。

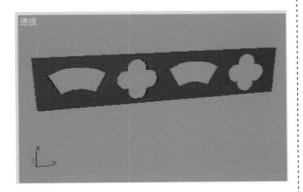

图5-7

重复操作"布尔\拾取操作对象"命令，分别点击各个门洞物体，进行镂空。最终效果如图5-8所示。

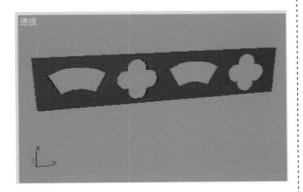

图5-8

◆技巧点拨

绘制海棠形状门洞时，可先在前视图绘制一个圆柱体，再利用"创建\图形\样条线\圆"命令绘制一个圆作为路径，如图5-9所示。

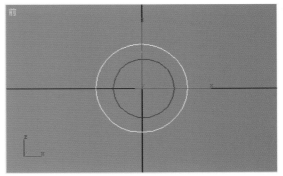

图5-9

调出"附加工具栏"选点"间隔工具" ，弹出"间隔工具"菜单，如图5-10所示，点击"拾取路径"，单击路径"圆"，如图5-11所示。

图5-10

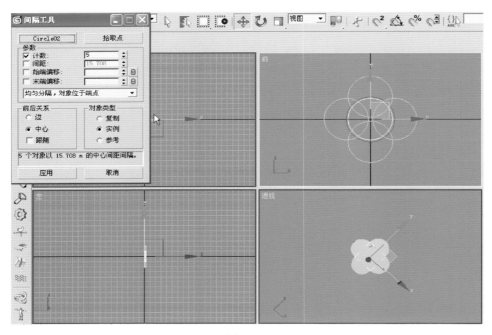

图5-11

并利用布尔命令将其合并为一个整体。最后效果如图5-12所示。

图5-12

一个海棠形状门洞绘制完成后，其余复制即可。

◆ 心得体会

3DS MAX 8.0软件的三维建模功能非常强大，熟悉并能够灵活运用其中的基本命令，是学习绘制园林效果图的基础。

◆ 实训作业

利用创建标准基本体的命令，结合布尔命令，绘制带有门洞、窗洞的墙体。

练习2　创建二维图形及修改器建模的应用——创建小屋

◆ 图例说明

本图例是3DS MAX的另一种常用建模方式。是利用创建二维图形及修改器列表中的挤出功能创建小屋。其效果如图5-13所示。

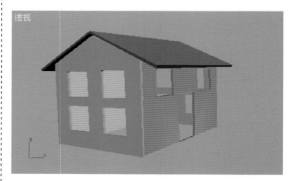

图5-13

◆ 设计思路

本图例主要是运用了创建二维图形的命令创建房屋山墙及窗户的平面图形，运用附加功能使其成为一体，再利用修改器列表中的挤出功能，创建小屋。

◆绘制步骤

（1）启动 3DS MAX 8.0。

（2）单击"创建\图形\线"，如图 5-14 所示。

图 5-14

（3）在前视图绘制山墙平面图形，如图 5-15 所示。

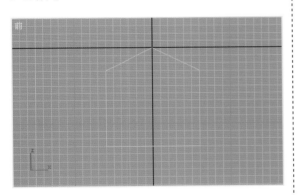

图 5-15

（4）在山墙平面中绘制窗户平面图形，如图 5-16 所示。

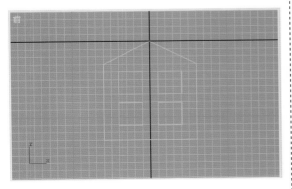

图 5-16

（5）选中墙线，点击"修改\修改器列表\样条线\附加"命令，分别点击窗线，墙、窗平面即成为一体。如图 5-17 所示。

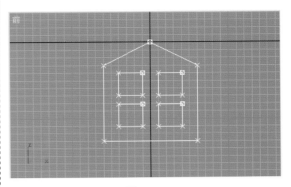

图 5-17

（6）点选"Line" ，点击"修改器列表\挤出"，出现如图 5-18 所示效果。

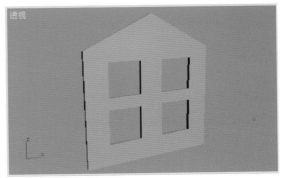

图 5-18

（7）复制墙体，移动到合适的位置。如图5-19所示。

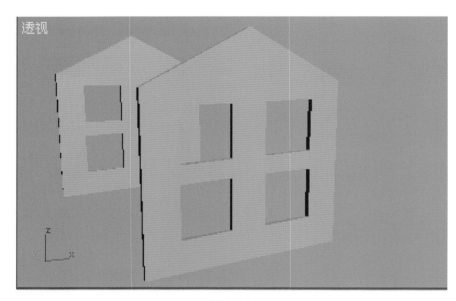

图5-19

（8）在左视图中创建一个长方体作为房屋北墙。如图5-20所示。

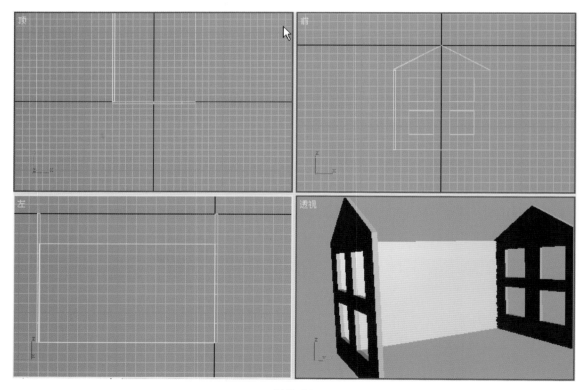

图5-20

（9）在左视图中，利用"创建\图形\线或者矩形"命令，创建房屋南墙平面图形。如图5-21所示。

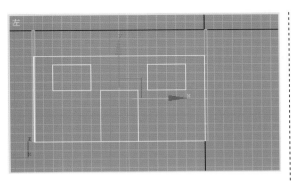

图5-21

（10）在左视图中点选墙线，单击鼠标右键，将矩形转换为"可编辑样条线"，点击"修改"按钮 ，进入"可编辑样条线\样条线"，点击"附加"，分别点击窗线、门线，使其附加为一个整体，再点击"修改器列表\挤出"创建南墙墙体，并在前视图中调整好位置。效果如图5-22所示。

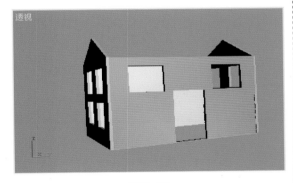

图5-22

（11）在前视图中，点击"创建\图形\线"命令，在房屋墙体顶部绘制出屋脊截面线，点击"修改"按钮，进入"样条线"层级，点击"轮廓"按钮，单击屋脊截面线，轮廓出双线。如图5-23所示。

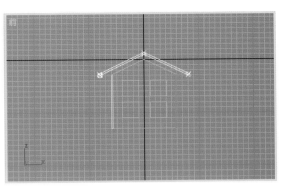

图5-23

（12）接着单击"修改器列表\挤出"，创建出屋脊，并移动到合适的位置。效果如图5-24所示。

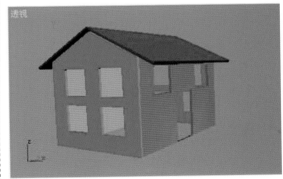

图5-24

◆技巧点拨

复制物体时，可点击"移动"按钮 ✛，并按住"Shift"键，移动被复制物体，接着松开按键，弹出"克隆选项"菜单，输入副本数，确定即可。如图5-25所示。

图 5-25

在绘制图形时，可打开"捕捉开关" 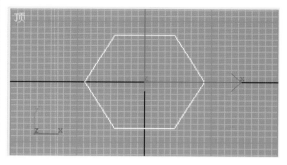，方便绘图。

◆心得体会

利用创建二维图形及修改器建模是 3DS MAX 软件建模的基本方法，熟练灵活运用这些命令，会使绘制园林效果图更方便、更高效。

◆实训作业

利用创建二维图形中的命令、附加、轮廓、挤出等命令，绘制楼房。

练习 3　阵列功能的应用——创建六角亭的支柱与亭凳

◆图例说明

本图例是利用阵列功能快速关联复制对象的方法创建六角亭的支柱与亭凳。

◆设计思路

利用 3DS MAX 的阵列功能关联复制所创建的物体，提高绘图效率。

◆绘制步骤

（1）启动 3DS MAX 8.0，单击"捕捉开关"按钮 ，点击"创建/图形/样条线

/多边形"，参数设置为"6"

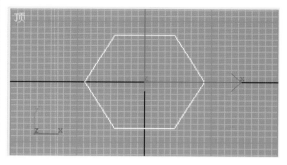，在顶视图中，以坐标系原点为中心创建一个六边形。如图 5-26 所示。

图 5-26

（2）单击"修改/修改器列表/挤出"，为六边形挤出一定厚度。如图 5-27 所示。

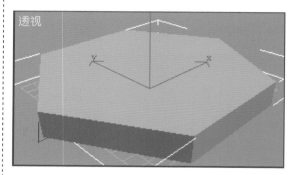

图 5-27

（3）激活顶视图，单击"创建/几何体/标

准基本体/圆柱体"，在六边

形的一个角点处，创建一个圆柱体。选中圆柱体，点击"对齐"命令按钮 ，再点击底座，

弹出菜单，如图设置

确定后，效果如图 5-28 所示。

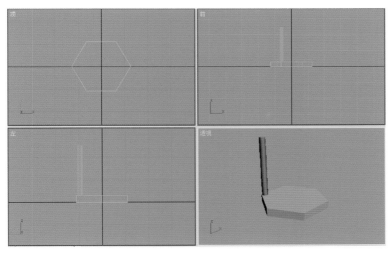

图 5-28　对齐后效果

（4）视图选择为"世界" 世界 ▼ ，选择"使用变换坐标中心" ▥ ，选中圆柱体，单击"阵列"按钮 ⬡ ，弹出阵列菜单，参数设置如图5-29所示。得到如图5-30所示效果。

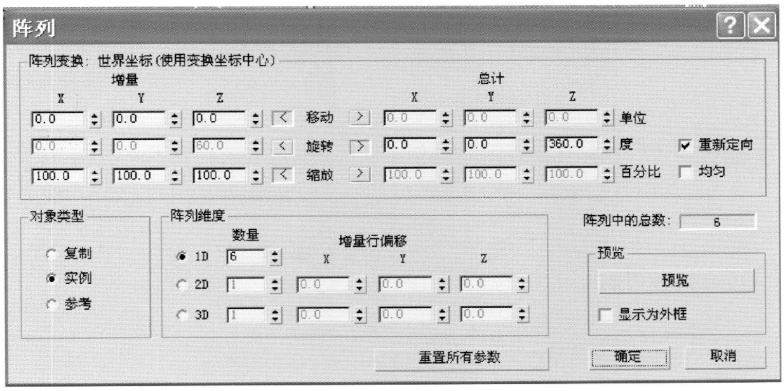

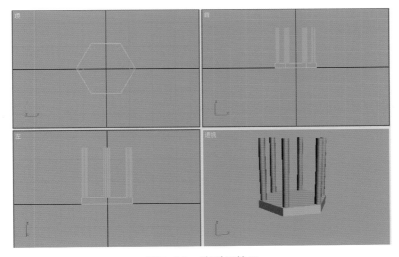

图 5-29

图 5-30　阵列后效果

（5）同样做法，在顶视图中创建一个长方体作为亭凳，移动到适当高度，进行阵列，得到最终效果，如图 5-31 所示。

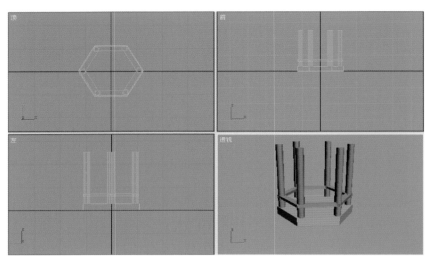

图 5-31　最后效果

（6）亭子其他部件的做法请参照本项目相关部分。

◆ 技巧点拨

也可利用角度捕捉功能，Shift 键配合旋转命令进行复制。

◆ 实训作业

利用阵列功能创建模纹花坛。

练习 4　车削命令的应用——创建花瓶

◆ 图例说明

本图例是利用修改器建模的应用实例。利用修改器列表中的车削命令以及插入点并通过顶点移动以改变对象造型的功能创建花瓶。效果如图 5-32 所示。

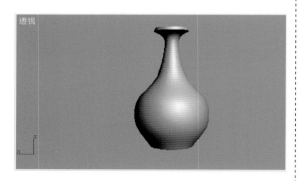

图 5-32

◆ 设计思路

车削命令是修改器建模中常用的一个命令，是以一个图形为纵剖面，绕旋转轴旋转创建三维模型的方法，适合用于创建横断面为圆形而纵剖面形状变化的三维对象。

◆ 绘制步骤

（1）单击"创建/图形/线"，

在前视图中创建花瓶的纵剖面图形，如图 5-33 所示。

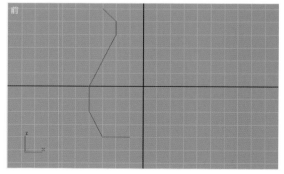

图 5-33

（2）单击"修改/顶点/插入"，

在纵剖面图形中适当位置插入若干点，鼠标点击任意"点"，单击鼠标右键，将"角点"转换为"平滑"点，并利用"移动"功能 ⊕，调整纵剖面图形的形状。如图5-34所示。

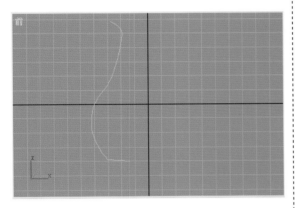

图5-34

（3）单击"样条线/轮廓"，

将纵剖面图形轮廓出双线，如图5-35所示。

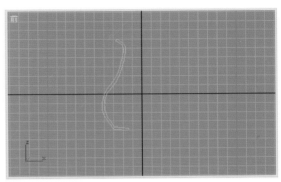

图5-35

（4）单击"修改/修改器列表/车削"，并调整参数，增加分段数使花瓶更平滑，在 [最小 中心 最大] 中选择"最大"，最终效果如图5-36所示。

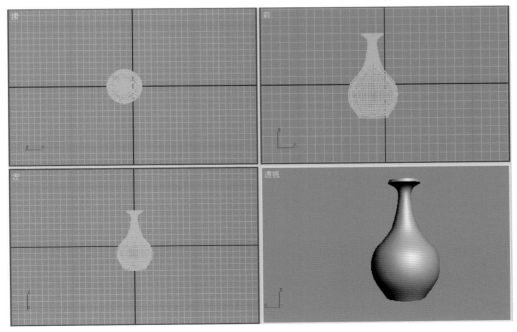

图5-36

◆技巧点拨

车削创建后的对象，可再返回到"顶点"位置 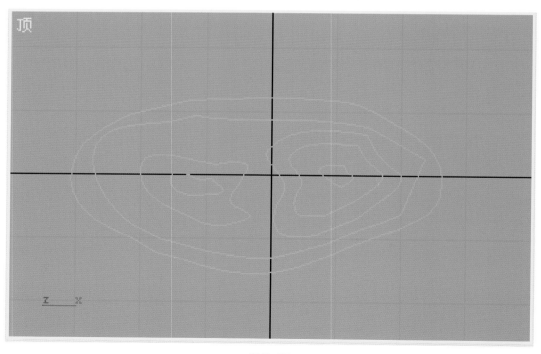，利用"移动" ✛功能，调整其形状。

如果纵剖面图形为开放样条线（不需轮廓为双线者），需选中"焊接内核"，以消除模型中心的皱折。

◆心得体会

闭合的纵剖面图形车削获得有壁的三维模型，如花瓶、花盆等；开放的样条线作为纵剖面图形车削获得三维实体，如石凳、石桌。

◆实训作业

利用车削命令创建各种形状的花盆、花钵、石桌、石凳等物体。

练习5　地形与图形合并建模方法的应用——创建山间小路

◆图例说明

本图例是应用复合对象建模方法中的地形与图形合并功能创建出山间小路。

◆绘制步骤

（1）启动3DS MAX 8.0，在顶视图中绘出一组等高线，如图5-37所示。

图5-37

（2）在前视图中将不同高程的等高线向上移动到相应高程，如图5-38所示。

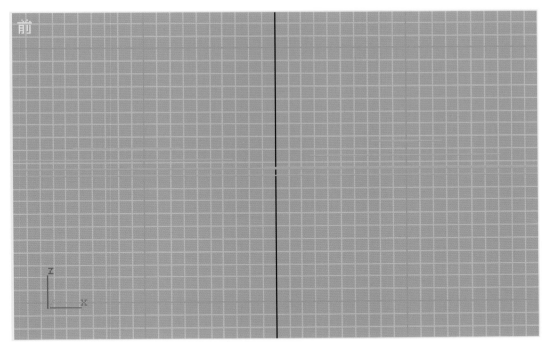

图 5-38

（3）点击"创建/几何体/复合对象/地形"

按钮 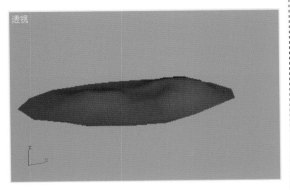，效果如图5-39所示。

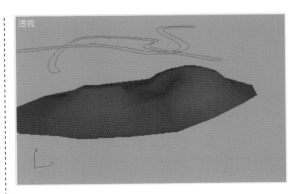

图 5-40

（5）选中地形，点击"创建/几何体/复

合对象/图形合并"按钮，

在下面"输出子网格选择"中选中

"面" ，单击"拾取图

图 5-39

（4）在顶视图中创建两条小路样条线，并分别轮廓成双线，如图5-40所示。

形" 拾取图形 ，分别点击两条小路样条线，最后双击右键，图形合并结束，点击"修改/修改器列表/编辑网格"进入"多边

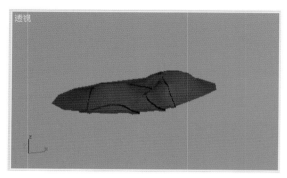

形"层级， 点击"挤出"按钮

挤出 0.0 ，按住鼠标左键向下拖动，将小路下陷到合适的深度。并将材质ID号设置

为2 设置 ID：2 选择 ID：2 ，效果如图5-41所示。

图5-41

◆技巧点拨

在绘制等高线时，可利用线的命令并结合可编辑样条线的顶点移动使样条线符合图形需要，也可直接输入AutoCAD中的等高线进行描绘。

◆实训作业

练习利用地形命令创建各式地形，并利用图形合并功能创建各式路径。

练习6 倒角剖面的应用——创建广场台阶

◆图例说明

本图例是应用倒角剖面创建三维对象的功能，创建广场台阶。效果如图5-42所示。

◆设计思路

倒角剖面是以一个剖面图形沿一个路径图形贯穿行进，构造模型的方法。利用倒角剖面

的功能可从二维对象转换为三维对象以创建各种物体。

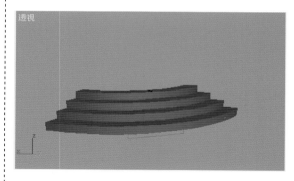

图5-42

◆绘制步骤

（1）单击"创建/图形/线"命令，选中"平滑" 角点 平滑 ，在顶视图中绘制台阶的路径图形，如图5-43所示。

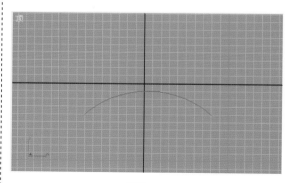

图5-43

（2）单击"创建/图形/线"命令，选中"角点" 角点 平滑 ，在前视图中绘制台阶的剖面图形，如图5-44所示。

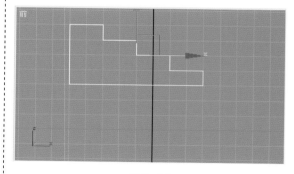

图5-44

（3）选中路径图形，点击命令面板中的"修改/修改器列表/倒角剖面"，点击"拾取剖面"

按钮 剖面：
拾取剖面 ，单击剖面路径，效果如图5-45所示。

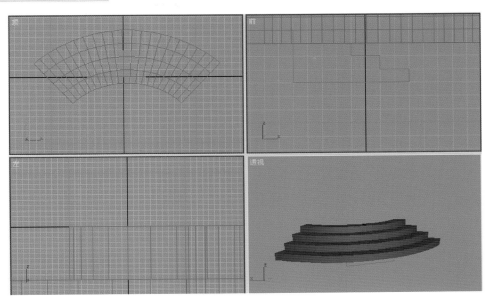

图5-45

◆实训作业

练习利用倒角剖面的功能创建各式台阶、窗套、文字等三维对象。

练习7　曲面命令的应用——创建六角亭的亭顶

◆图例说明

本图例是利用3DS MAX中的样条线编辑功能与修改器列表中的曲面命令创建三维对象——亭顶。如图5-46所示。

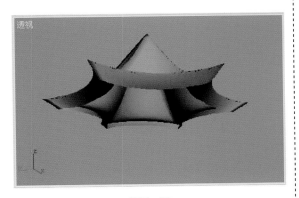

图5-46

◆绘制步骤

（1）启动3DS MAX 8.0，点击"创建/图形/多边形"在顶视图绘制一个六边形，如图5-47所示。

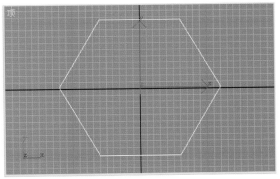

图5-47

（2）鼠标放置在"六角形"图形上，单击右键，弹出菜单，点击"转换为可编辑样条线"，在命令面板中进入"顶点"层级

，框选六边形的六

个顶点，并勾选命令面板中的"锁定控制

柄"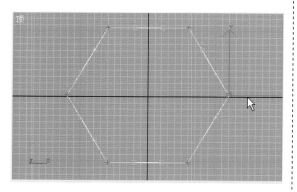，如图5-48所示。

图5-48

（3）使用"移动工具" ，分别调整两
侧的控制手柄，改变六边形的边的弯曲度。如
图5-49所示。

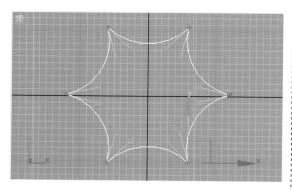

图5-49

（4）进入"样条线层级" ，
在透视图中选中线，并在命令面板中勾选"连

接" ，使用"移动工具"
同时按住"Shift"键向下拖动复制。如图5-50
所示。

（5）使用"Delete"键删除下面的多余的
"六边形"线条。如图5-51所示。

（6）接着进入"顶点层级" ，

在前视图中框选图形中下部的六个顶点，然后
点击命令面板中的"熔合"按钮 ，
六个顶点合在一处。如图5-52所示。

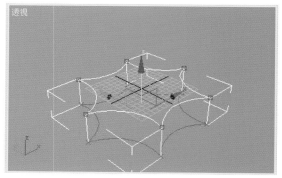

图5-50

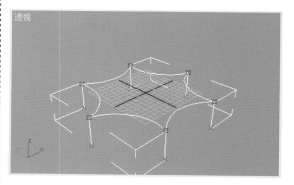

图5-51

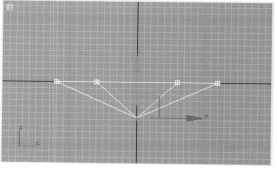

图5-52

（7）在前视图中，框选图形中上部的所有
顶点，点击右键将顶点转化为"Bezier角点"，
接着框选图形下部聚在一处的六个顶点往上
拖，如图5-53所示。

（8）进入"样条线层级"，在透视图中
选中图形下部的六边形，并勾选命令面板中

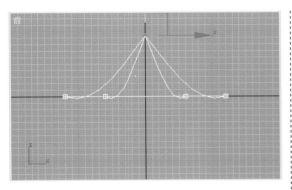

图 5-53

的"连接"，使用"移动工具"同时按住"Shift"键向下拖动复制出一个新的截面，如图5-54所示。

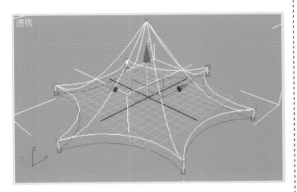

图 5-54

（9）在命令面板中勾选"使用软选择"，

"衰减"值调为"0"，使

用"缩放工具"向内缩放，如图5-55所示。

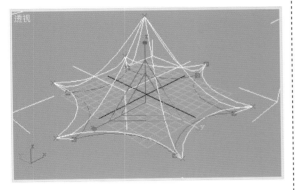

图 5-55

（10）点击"修改器列表/曲面"命令，线框创建为实体，如图5-56所示。

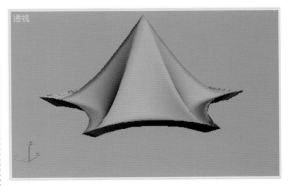

图 5-56

◆技巧点拨

使用"曲面"命令创建实体以后，实体对象会出现里面虚的现象，如图5-57所示。

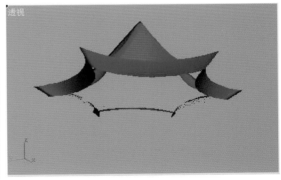

图 5-57

解决办法是：为对象赋予双面材质。点击

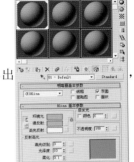

"材质编辑器"，弹出

选中一个材质球，勾选明暗器基本参数中的

"双面"，

然后将材质赋予给亭顶，如图5-58所示。

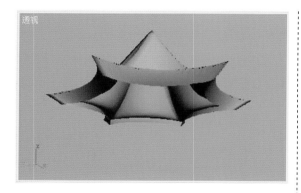

图5-58

◆ 实训作业

练习利用编辑样条线与曲面命令建模的功能创建雨伞的伞面。

练习8　放样命令的应用——创建六角亭的亭脊

◆ 图例说明

本图例是利用3DS MAX中的放样命令创建三维对象——亭脊。如图5-59所示。

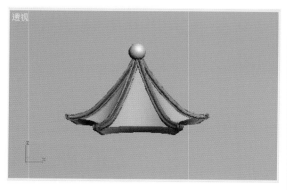

图5-59

◆ 设计思路

放样是沿一条路径放置一系列截面图形来建立模型的一种方法。放样中的变形功能非常强大，要善于利用。

◆ 绘制步骤

（1）启动3DS MAX 8.0，打开练习7中创建的亭顶模型，如图5-60所示。

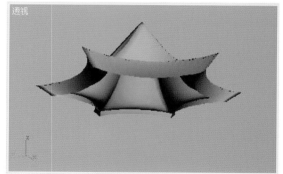

图5-60

（2）在前视图中，沿着亭顶的一条边描绘出一条曲线作为放样的路径，并进入"修改"中的"顶点层级" ，利用"移动工具" 调整曲线的弧度和位置，如图5-61所示。

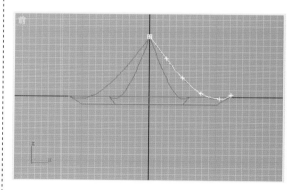

图5-61

（3）点击"创建/图形/星形"，在左视图中绘制一个星形作为放样的截面，如图5-62所示。

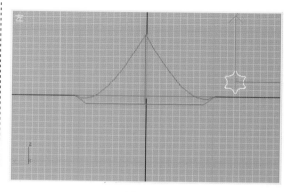

图5-62

（4）在前视图中选中曲线路径，点击"创

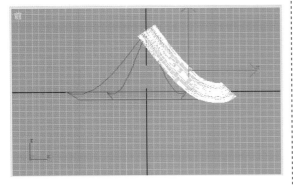

建/几何体/复合对象/放样"，

点击"获取图形"按钮 **获取图形** ，单击左
视图中的六角星，效果如图5-63所示。

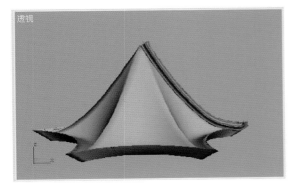

图5-63

（5）此时亭子的脊梁过粗，点击"修改/
放样/图形"修改器列表，使用"缩放
工具" ，在前视图中放样物体的顶端选中截
面图形进行缩放至适当粗细。再进入路径下面
的"顶点层级" ，调整路
径的两端的位置，效果如图5-64所示。

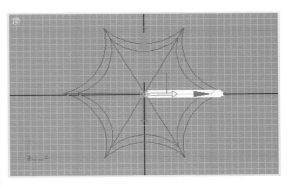

图5-64

（6）在顶视图中，选中放样物体，点击命
令面板中的"层次/轴/仅影响轴"按钮，将轴
坐标移动到中心位置，如图5-65所示。

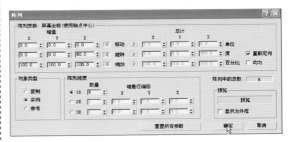

图5-65

（7）点击工具栏中的"阵列"按钮 ，
弹出阵列菜单，在Z轴上以60°阵列6个，点
击确定，效果如图5-66所示。

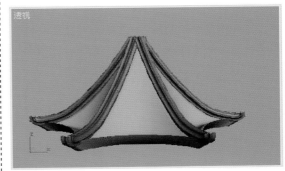

图5-66

（8）点击"创建/几何体/标准几何体/球
体"，在顶视图中创建一个
球体作为亭子的宝顶。效果如图5-67所示。

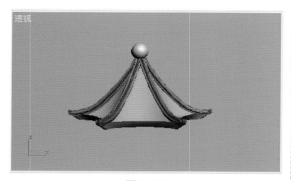

图5-67

◆技巧点拨

放样的路径可以是任意弯曲的三维样条线，但只能是一条曲线，而截面图形可以是多个图形。这是与倒角剖面功能的不同之处。

宝顶还可利用车削功能创建为葫芦顶。

使用"文件/合并"功能，将前面所做的亭基座、支柱max文件打开，与亭顶合并在一起，并点击"组/成组"，即可创建出一个小亭子。

◆实训作业

练习利用放样命令创建亭顶、窗帘等。

练习9 文件合并功能的应用——创建亭子

◆图例说明

本图例是利用3DS MAX中合并功能，将分步做出的小亭子的各个部分合并成为一个整体。

◆绘制步骤

（1）启动3DS MAX 8.0，打开创建的六角亭的底座，利用前面所学知识创建亭檐枋，如图5-68所示。

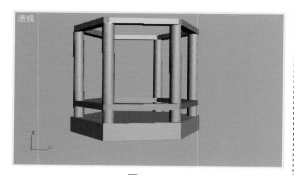

图5-68

（2）点击"文件/合并"，弹出"合并文件"菜单，

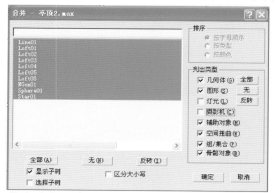

找到"亭顶"文件，双击打开，弹出"合并"菜单，点击"全部"选中所有对象，取消"灯光""摄像机"选项，

单击确定，亭顶即合并入图中。将亭顶创建成组，并使用"缩放工具" 将亭顶缩放，使其与亭深大小比例相协调。效果如图5-69所示。

图5-69

◆实训作业

练习将分别创建出来的对象合并到一幅图中。

练习10 贴图的应用——为创建好的对象赋予材质

◆图例说明

本图例是利用3DS MAX中贴图的功能为

练习9中创建好的六角亭赋予木纹材质。如图5-70所示。

图5-70

◆设计思路

在3DS MAX中材质与贴图的建立和编辑都是通过材质编辑器面板来完成的，并且通过最后的渲染把它们表现出来，使物体表面显示出不同的质地、色彩和纹理。贴图使用实物的照片可使所创建的对象具有真实的质感。

◆绘制步骤

（1）启动3DS MAX 8.0，打开练习9中所创建的六角亭。如图5-71所示。

图5-71

（2）在视图中选中檐枋，点击"材质编辑器"工具按钮 ，弹出"材质

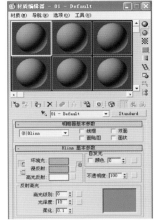

编辑器"菜单

选中一个材质小球，点击"漫反射"后面的小按钮 ，弹出"材

质/贴图浏览器"

双击下方的"位图"图标，弹出"选择位图图像文件"菜单

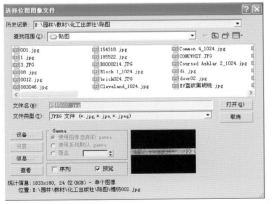

双击"檐枋002"文件，"材质编辑器"菜单第一个材质小球呈"檐枋"图像

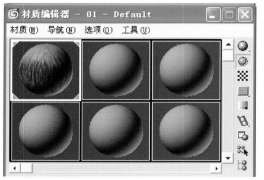

点击"将材质指定给选定对象"按钮 🔧，再点击"在视口中显示贴图"按钮 🔳，则在透视图中可以看到贴上图案的亭子檐枋，如图5-72所示。

图5-72

（3）在视图中选中亭顶、立柱、亭凳、底座，点击"材质编辑器"工具按钮 🔳，同步骤（2），编辑材质球，为对象赋予木纹材质。效果如图5-73所示。

图5-73

（4）点击"修改/修改器列表/UVW贴

图"   ，通过修改平铺数值

可以改变贴图的效果。

（5）点击"快速渲染"按钮 👁，效果如图5-74所示。

图5-74

◆技巧点拨

注意平时多收集贴图素材。

◆实训作业

练习用贴图的方式对其他实例所创建的对象赋予材质。

实训练习五　3DS MAX综合训练

练习1　亭的创建

◆操作步骤（附二维码视频文件《亭子教程》）

1.底座与台阶的创建

首先进入创建面板，选择创建图形 ⬡ 选项，单击 **多边形** ，"边数"设置为6，展开"键盘输入"在"半径"栏内输入半径值300，单击创建，在顶视图中创建了一个正六边形；选中该图形，单击右键，在弹出的右键菜单中选择"转换为样条曲线"，此时可在修改面板中得到一个"可编辑样条曲线"的编辑器，展开其前面的"+"符号选中"样条曲线"次对象，再次选择图形，此时被选中的次对象呈现红色，在修改器参数中找到"轮廓"输入60后回车，此时得到底座的平面轮廓。下一个步骤便是在修改器列表 **修改器列表** 中选择" **挤出** "修改器，在其参数栏中 **数量 | 分段 |** 输入挤出的高度80，完成底座的创建，如图5-75所示。

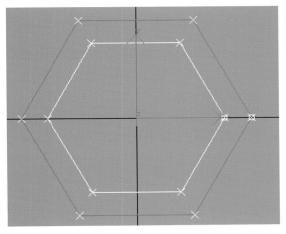

图5-75

台阶的创建还是使用"挤出"修改器，但创建方向不同，首先将左视图激活，打开2.5维网格捕捉，将左视图放大显示【Alt+W】，利用网格捕捉绘制台阶的侧面轮廓，当MAX问

是否闭合曲线时选择"是"。轮廓创建完成后在修改器列表中选择"挤出"，输入挤出高度为250，然后回车，完成台阶的创建。此时台阶与底座位置不正确，需要进行调整，需要用到对齐命令 ⬚ 。先选中底座对象，再单击对齐命令，然后选择要移动的台阶对象，将两者分别沿X、Y或Z方向按需要对齐，最后可得到底座与台阶的模型。此时底座中间还是空的，利用现有的底座边缘复制一个，在不需要使用捕捉功能时可按"S"键关闭它。选中复制的对象，进入修改器，选择" **可编辑样条线** "中的" **样条线** "次对象，选中并删除外围的六边形，再依次单击" **样条线** "和" **挤出** "，这时已经填充了原来中空的底座，为了区别边缘此时最好修改其模型的颜色，如图5-76所示。

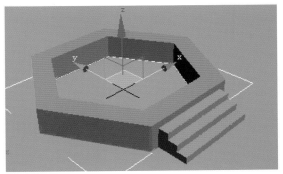

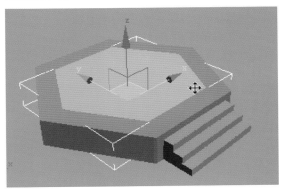

图5-76

2. 底座与凳子的创建

首先激活顶视图，设置2.5维捕捉"顶点"，以内部小六边形顶点为圆心创建任意圆柱体，然后在其修改面板参数中改其半径为15，高为900，高度分段数为1，以六棱柱为中心阵列关联复制圆柱6个，也可用角度捕捉，Shift键配合旋转命令进行复制。

凳子的创建需要先将底座中间的小六棱柱复制一个（此处切不可"关联"），然后在前视图中将其沿Y轴向上移动，进入修改器，选择" □ 可编辑样条线 ∧ "中的"样条曲线"向内侧偏移12.5，然后删除外侧样条曲线，进入"线段"再删除靠近台阶的线段，再进入"样条曲线"，将其向外侧偏移25。将"挤出"高度参数改为6，得到亭中的凳子模型，调整其高度。如图5-77所示。

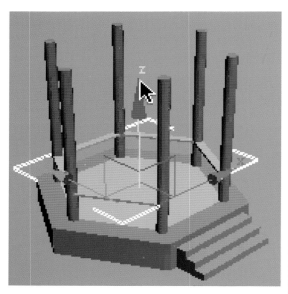

图5-77

3. 栏杆的建模

将前视图激活，最大化，并设置2.5维捕捉网格点。在凳子下方用"线"绘制

栏杆图形，在绘制前最好将 开始新图形 ☑ 后面的钩取掉，这样绘制出的线就是一个整体。绘制完成后在其修改器中"可渲染"前打勾，"厚度"控制其渲染出的大小，可自己试试。完成

一段后，可用前面复制柱子的方法将栏杆复制6个，然后删除台阶一侧的栏杆即可。效果如图5-78所示。

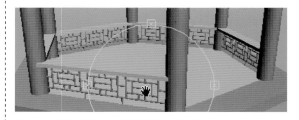

图5-78

4. 挂落建模

用AutoCAD和MAX共同完成挂落的创建，先在AutoCAD中创建挂落平面图，

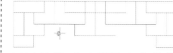

保存为AutoCAD 2000的格式（低版本文件格式兼容性好）。用MAX文件输入功能将绘制的挂落图形输入，输入时选择"按图层合并对象"，旋转使其直立，调整其位置。切换到修改面板，在"渲染"卷轴中选择可渲染，并把"厚度"修改至合适的值。最后进行阵列。如图5-79所示。

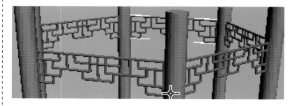

图5-79

5. 亭顶的创建

亭顶部分为两个部分，与挂落连接的部分比较简单，创建方法与底座的边缘一样，只是六边形的半径有所不同，偏移、挤出的数值不同，这里着重讲解一下亭顶上部的创建方法。用放样的方法进行创建，首先在顶视图中创建一个"半径1=400""半径2=250""圆角半径2=50"的"星形"图形作为轮廓，再绘制一段直线段作为路径。选择星形图形，在创建面板中切换到"复合物体"菜单，单击"放样"，然后在放样参数面板中单击"获取路径"，此时光标变成选择路径样式 ，选中

亭顶调整　背梁建模　背梁与宝顶　廊的建模

线段完成放样第一步。展开"蒙皮参数"，将 前面的勾去掉。切换至"修改面板"展开 变形 参数，单击 缩放 按钮，对"缩放变形"窗口中的曲线进行修改，将放样物体形状变为尖顶。

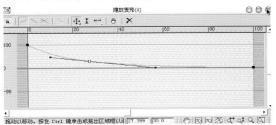

继续对尖顶物体的六个角进行修改，选中该对象，单击右键，将该对象转换（或称"塌陷"）为"可编辑网格"。按数字键"1"（此时数字键"1、2、3、4"可分别切入该网格物体的几个次对象层次）进入其顶点次对象，配合"软化选择"选中几个角上的几组顶点，将它们在前视图或左视图中沿Y轴向上垂直移动。

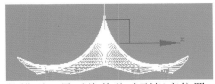

做成亭顶的模型。最后将其移动到相应位置。

6.脊梁的建模

脊梁的创建是用"放样"的方法，先在立面视图（前视图或左视图）中沿亭顶脊梁所在的位置创建一条样条曲线作为路径，再创建一个圆角矩形 作为轮廓。选中路径线，在"复合物体"创建菜单中单击"放样"，单击"获取图形（就是轮廓）"完成放样。切换至"修改面板"展开 变形 参数，单击 缩放 按钮，对"缩放变形"窗口中的曲线进行修改，将放样物体形状变为脊梁的形状。最后移动并做阵列完成脊梁部分的创建。

7.宝顶的创建

宝顶的创建是用"车削"（又称"旋转"）命令，先用"线"绘制一条宝顶的侧面轮廓线

在"修改器列表"中选择"车削"命令，完成车削操作，单击"大""中""小"三种方式看看哪种是想要的结果。最后将其移动到正确的位置上，完成全部操作。最终效果如图5-80。

图5-80

◆ **技巧点拨**

在建模过程中应注意训练自己对于"对象移动""对象旋转"以及"阵列""复制"等常用的操作命令的使用技巧，看看怎样能够提高建模的效率。

◆ **实训作业**

请参照二维码视频《廊的建模》自己完成该模型的创建。

练习2　蒙图创建园林场景

园林设计有其特殊性，在园林设计工作中有时会遇到要求根据一幅手绘方案草图创建效果图的情况。所以需要了解这种制作方法，我们称之为"蒙图建模"。

◆ **操作步骤**（附视频文件《蒙图建模教程》）

1.草图的装入与调整

在制作之前，需要将要用到的草图进行扫描或照相，最好再用PS进行适当的裁剪和优化处理。准备工作做好后打开3DS MAX 8.0，将

顶视图设置为当前，单击"视图—视图背景"在视图背景对话框中单击 文件... ，选择事先准备好的方案草图，再将下面的图像显示参数进行适当的设置，单击"确定"，如图5-81所示。

图5-81　视图背景

草图装入后，需要对视图进行缩放以使MAX环境与视图比例一致，这样建模时能够更好地掌握所创建物体的体量，使其相互协调。先找到视图上的参照物（尺寸清楚的物体），创建一个物体，将该物体的尺寸修改为与参照物相等，再进入视图背景对话框，将 ☑锁定缩放/平移 前面的勾去掉，单击"确定"。用视图缩放工具 🔍 ，将视图进行缩放，直到视图上的参照物与物体大小一致时为止，再次进入视图背景对话框，将 □锁定缩放/平移 前面打勾，锁定视图比例。此时可能会出现视图消失的情况，只需删除物体，单击 田 即可。

2.蒙图与挤出

比例调整好以后单击"线"命令按钮

，在顶视图中，以视图为底图进行描绘，描绘时注意，需要挤出的物体必须是闭合曲线，不需要挤出的物体不需要描绘，如图5-82所示。绘出的图形要进入修改面板中为其命名，以便后续工作的有序进行。

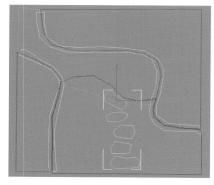

图5-82　描绘草图

对高于地表的物体进行"挤出"，有立面图的，挤出高度根据立面图相应物体尺寸挤出，没有立面图的根据现实物体的尺度合理地设置挤出参数。最后创建高度为0的平面物体作为地面，如图5-83所示。

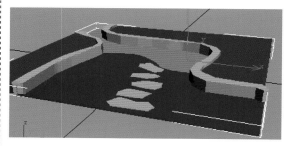

图5-83　挤出各对象

3.贴图

按M键或单击 ▓▓ 调用材质编辑器，材质编辑器中有24个材质球，选中其中一个，单击赋予材质按钮 🔳 ，可将当前材质球材质赋予选中的对象。要为材质球贴图则单击 漫反射: ▬▬ Ⅿ 漫反射后面的按钮，在弹出菜单中选择 位图 位图，找到需要的贴图文件，打开贴图文件后，可以看见该材质球的表面颜色发生了变化。单击退回上层按钮 ⬆ ，展开贴图类型 贴图类型 ，将漫反射通道中的位图文件关联复制到凹凸通道，这样可以使材质不但有表面颜色，还有凹凸的质感。最后需要为各物体在修改器列表中添加一个"贴图坐标" 修改器列表 ，并将贴图方式改为"长方体" 平面 柱形 封口 球形 收缩包裹 长方体 面 ，按需修改各方向的平

蒙图建模　　　路口 001

铺次数，使贴图纹理大小适当。对各部分依次
完成贴图，如图5-84所示。

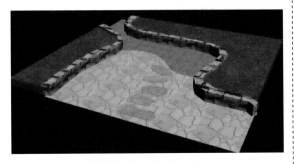

图5-84　贴图并快速渲染

◆技巧点拨

在蒙图建模中，应注意处理好不同高度对
象的边缘，应该让高的物体遮挡矮的物体。

◆实训作业

请参照二维码视频《蒙图建模》自己完成
蒙图建模。

练习3　相机和灯光的创建

◆操作步骤（附二维码视频《相机与
灯光的创键》）

（1）打开3DS MAX设置单位为"米"。如
图5-85所示。

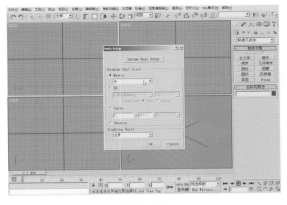

图5-85

（2）进入图形创建面板，创建一矩形图
形，修改其参数长度：25，宽度：65，边角半
径：5，如图5-86所示。

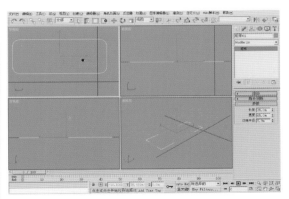

图5-86

（3）进入修改面板，展开修改器列表，在
其中选择"挤出"，为圆角矩形添加"挤出修
改器"。设置其参数，数量：0.01，分段数：1，
如图5-87所示。

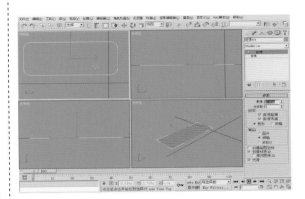

图5-87

（4）复制该物体，再修改其参数，长度：
60，利用对齐命令，将两个物体沿 y 方向进行
最大与最小（即选中对象最上与候选对象最
下）对齐。如图5-88所示。

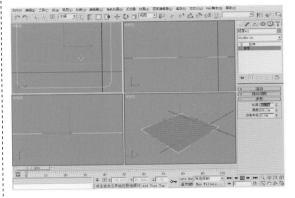

图5-88

（5）选中一个对象利用移动命令将其向远离另一物体方向移动10（沿y轴向下移动则在y轴相对坐标框中输入–10，若向上则为10），如图5-89所示。

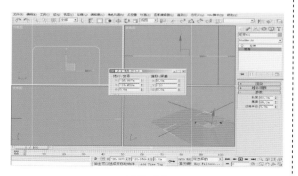

图5-89

（6）重复（4）、（5）步骤，只是将y方向改为x方向，得到基本地形模型。如图5-90所示。

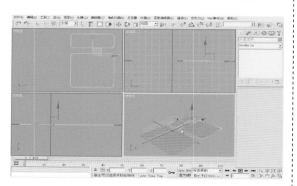

图5-90

（7）创建人行道斑马线，先进入标准几何体创建面板，创建一小长方体，再进入修改器面板，修改其参数，长度：0.4，宽度：8，高度：0.001，将次物体颜色改为白色，如图5-91所示。

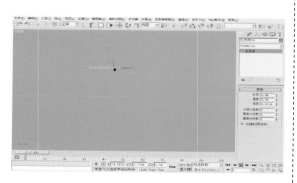

图5-91

（8）复制（启动移动对象命令，按住Shift键用鼠标拖动对象）该薄片物体，使其成为"斑马线"模型。如图5-92所示。

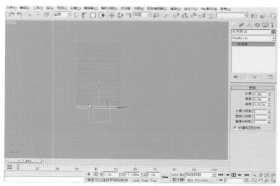

图5-92

（9）利用相同办法复制出马路"分道线"模型。如图5-93所示。

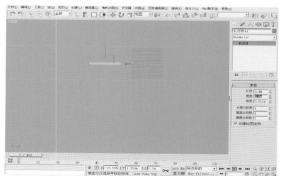

图5-93

（10）复制斑马线和分道线模型并将其沿z轴旋转90°（锁定角度开关），将对象移动到适当位置，调整完成。为斑马线赋予白色漫反射材质。如图5-94所示。

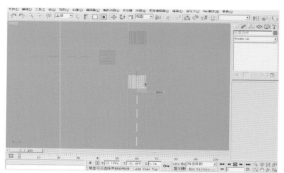

图5-94

路口 003 花坛建模　　相机与灯光

（11）花坛的创建，在路边适当位置创建一圆角矩形图形，设置其参数，长度：5，宽度：2，边角半径：0.5，并为其添加一"编辑曲线"修改器，进入"样条曲线"次对象，将该曲线偏移0.2，最后为曲线添加"挤出"修改器，拉伸数量0.3，如图5-95所示。

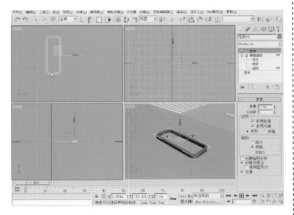

图5-95

（12）创建花坛内泥土，复制花坛对象，进入编辑曲线修改器曲线次对象，删除外围曲线，再进入挤出修改器修改挤出数量为0.2，分别为花坛和泥土赋予材质。最后复制花坛和泥土到适当位置。如图5-96所示。

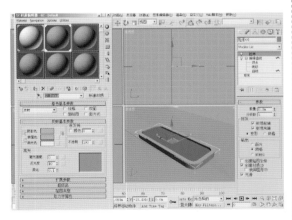

图5-96

（13）在透视图中将路口调整到合适位置。如图5-97所示。

（14）点击"创建/相机/目标相机"或者按【Ctrl+C】，创建相机，透视图视口改为摄像机视口。如图5-98所示。

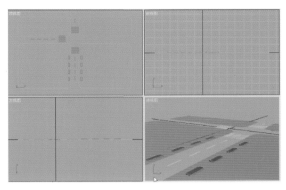

图5-97

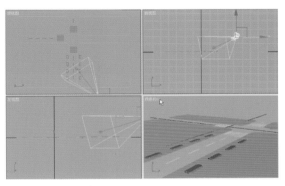

图5-98

（15）使用"移动工具"在顶视图、前视图、左视图调整摄像机的位置。如图5-99所示。

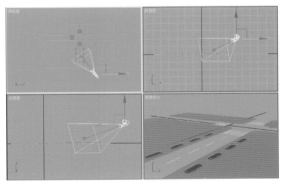

图5-99

◆技巧点拨

在顶视图中，所创建相机的位置与场景水平方向成60～75°的角，尽量避免成45°角。

在前视图中，将相机抬高至场景上方，这时的相机视图为鸟瞰透视效果又称为俯视图、三点透视图。相机所在距离的不同分为远景、中景、近景和特写，可根据效果不同要求而调整。

（16）创建场景的主光。点击"创建/灯光/目标平行光"，在顶视图，按住鼠标左键，拖拽出主光的目标点，并将目标点放在场景中的中心位置。如图5-100所示。

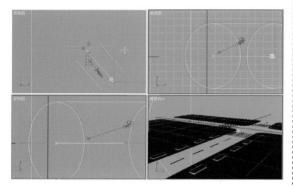

图5-100

（17）点击"修改"，修改"平行光参数"，再在视图中调整灯光的高度、亮度。如图5-101所示。

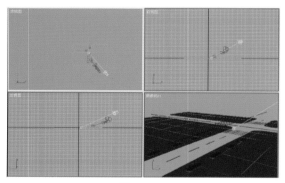

图5-101

◆技巧点拨

场景中没有创建光源时系统会沿摄像机的方向投射一个顺光来照亮物体，这就是系统的默认光源，在创建光源后被自动关闭。创建后需将光源升高到场景上方，否则场景将漆黑一片。主光源承担产生阴影的作用，所以其亮度最亮。

园林场景中的主光也可以使用MAX中的"太阳光"。点击"创建/系统/太阳光"，并可根据情况调整时

间和经纬度。再进入"修改"命令面板，可以调节参数为 ，

，通过调节太阳光光束直径，使场景中的所有对象投射阴影。

（18）依次为场景添加补光、背光。步骤同（4）。效果如图5-102所示。

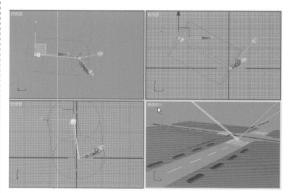

图5-102

◆技巧点拨

补光一般方向与摄像机一致，用于提高相机中看到的面的光亮，使画面整体亮度比较协调，其亮度一般设置为0.3～0.5；背光主要用于进一步提高场景的亮度，使阴影显得比较自然，给画面产生阳光感。

除了可使用"目标聚光灯、目标平行光"作为补光、"泛光灯"作为背光之外，也可使用"天光"模拟天空的散射光

并可以为天空设置颜色或指定贴图，天光所放位置不限，一般天光倍增值为0.3左右，即相当于全光照的30%左右 。

项目六　Photoshop后期处理效果图

工作任务列表

Photoshop后期处理效果图

任务一　制作树木

任务二　制作树木倒影

任务三　制作花坛

任务四　制作人物及倒影

打开 Photoshop 软件，进行效果的后期处理。

<h1 style="text-align:center">任务一　制作树木</h1>

（1）点击"文件""打开"保存的"庭院.jpg"文件。

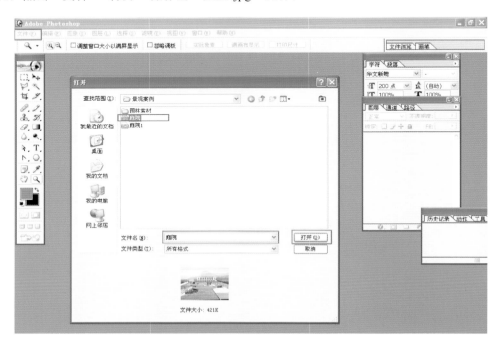

（2）用"裁切工具"将画面下方多余部分裁掉。点击"裁切工具"并用鼠标右键在画面中框选，然后双击。

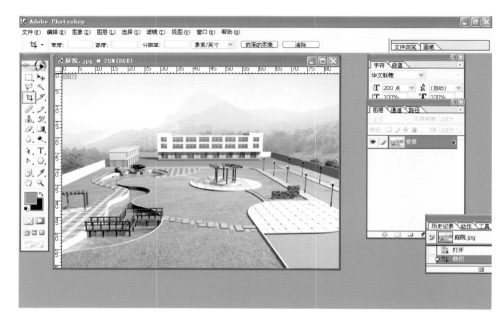

（3）点击"文件""打开""园林素材"库中的"B-B-001"文件，用鼠标左键点着图片拖动到"庭院"中。

（4）点击"编辑""变换"中的"缩放"命令，按着"上档键"（保证按比例）缩放，用左键拖动比例框将"树"缩小。

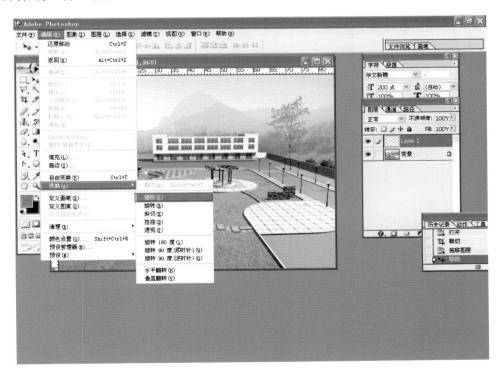

（5）"缩放"如图，用"移动工具"点在"001"图片上，并同时按着"Ctrl"和"Alt"键，移动鼠标，复制此图片。

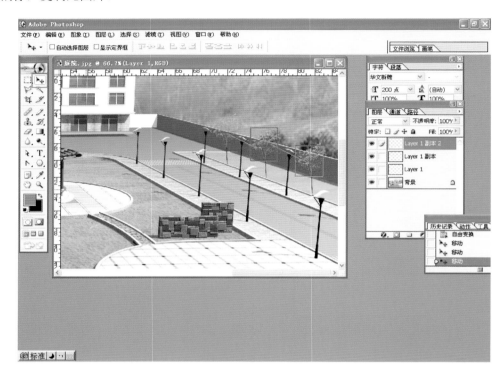

（6）根据近大远小的规律，将这"三棵树"缩放，想到编辑某层时，只需用"移动工具"将鼠标移至其上点"右键"，选择这一层即可。

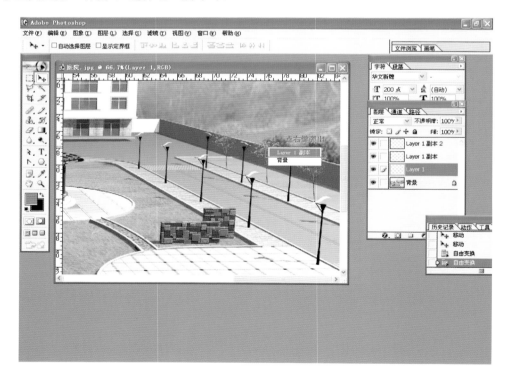

（7）为了更加真实，将后复制的两棵树，改变方向，再旋转一下，就和第一棵树有了差别，因为在自然界中是不可能找到完全相同的两棵树的。

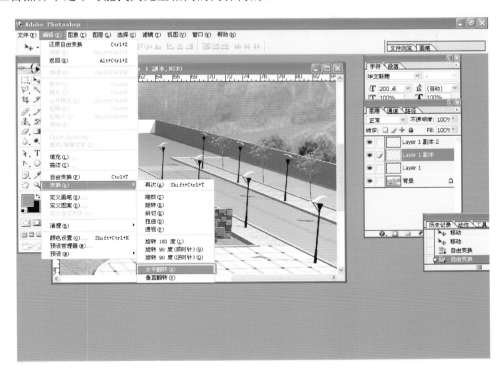

（8）为了不使以后图层过多，将这三棵树合为一层，点击"图层"下拉式菜单中的"向下合并"，连续两次，这样三棵树都在"Layer1"图层1中了。

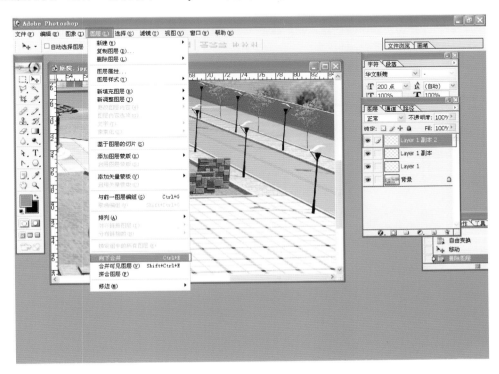

（9）养成随时存盘的习惯。现在点击"文件""保存为"（因为现在多了图层，已经不是"JPG"格式，而是"PSD"格式了，所以另存一个文件）"庭院-1.PSD"。

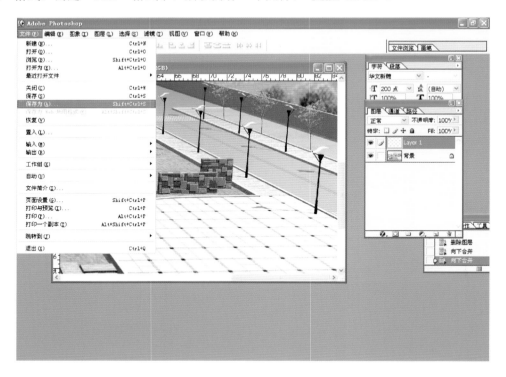

（10）点击"文件""打开""园林素材"库，打开"B-B-013"文件，拖到画面中，并缩放至如图大小。

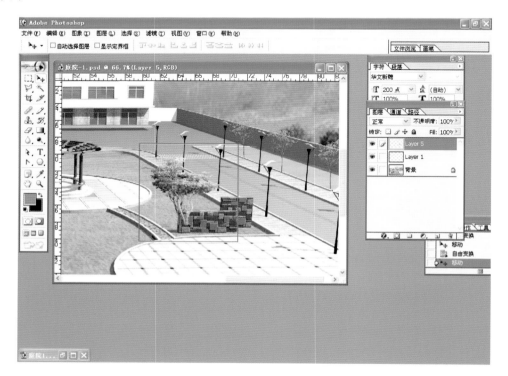

（11）将重叠部分剪切掉以做成它在景观墙后的效果，先在图层编辑器中，把它的"Fill"度设为"48%"，这样被它遮挡部分清楚地呈现出来。

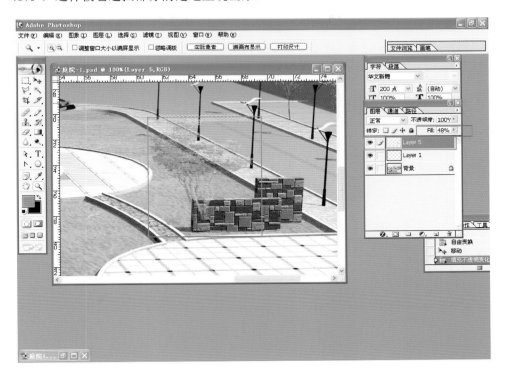

（12）利用"多边形套索工具"沿景观墙边缘选择，并同时按"Ctrl"键和"X"键，把多余的切掉。

（13）把"Fill"值改回到100%，便如图所示。

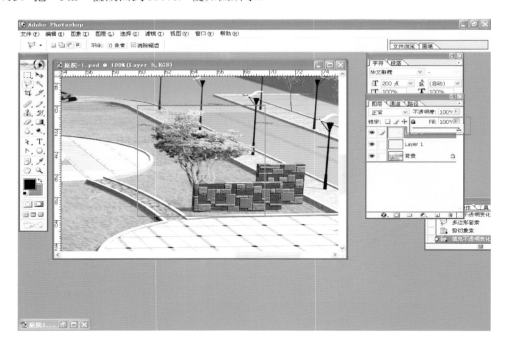

<h1 style="text-align:center">任务二　制作树木倒影</h1>

（1）为了更加真实，给它加一个阴影，复制一个副体，并利用"缩放""旋转""斜切"将它调整为如图所示。

（2）点击"图像""调整"中的"色相/饱和度"。

（3）将饱和度调整为"–66"，明度调整为"–16"，确定。

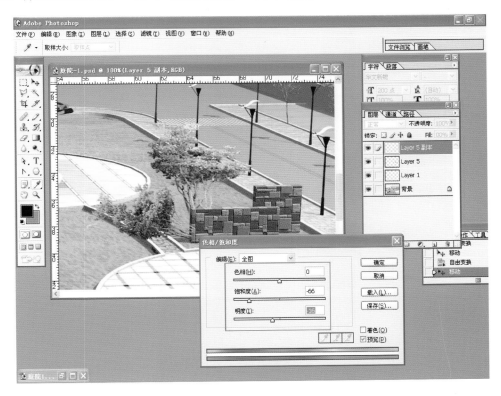

（4）并将"Fill"度调整为54%，不透明度调整为92%。观察效果直到满意为止，并将这两层合并为一层。

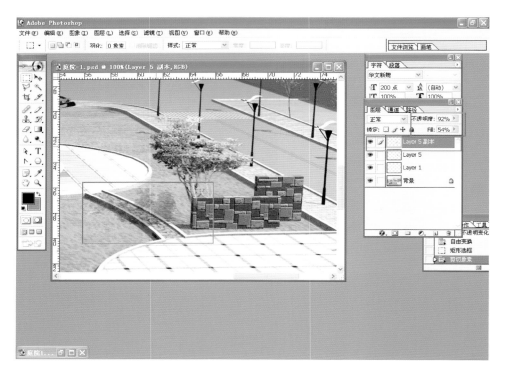

（5）用"抓手工具"移动画面到想要编辑的区域，打开"文件""B-D-007"并把它安放在假山位置，大小比例可以与周围建筑物、路灯等为参照物，这样就不会有大的出入。

（6）将"B-D-005""B-D-006"打开，并拖到画面中，将这高大的树木安放在画面左侧。

（7）确定"B-D-006"为编辑状态，在"编辑""变换"中找到"斜切"。

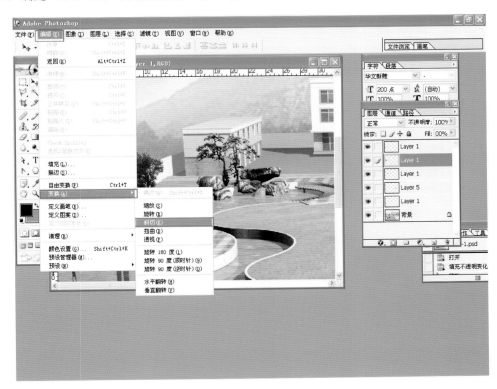

（8）在"斜切"控制框中，移动"控制柄"可以使物体产生前大后小的透视效果。

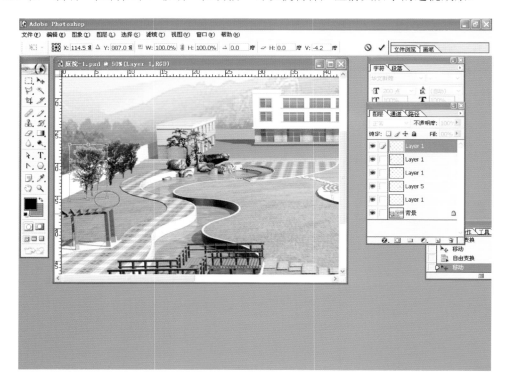

（9）根据学过的步骤为这些树加上阴影并将它们合层。用"缩放工具"和"Alt"加"缩放工具"控制窗口。

任务三　制作花坛

（1）打开"文件""B-E-009""B-B-021"将其"缩放"至图中位置。

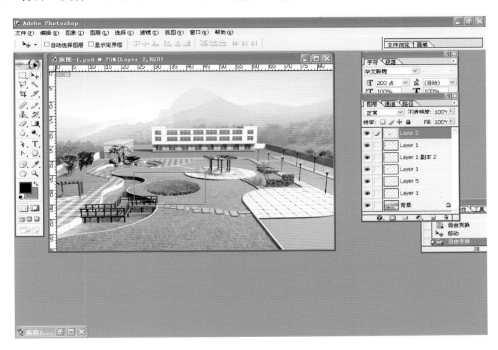

（2）花坛中的树过于灰暗，调整一下，点击"图像""调整""色相/饱和度"。

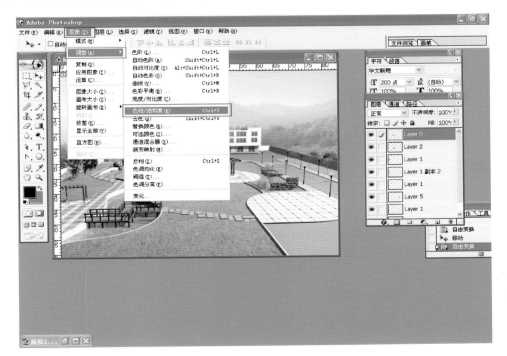

（3）将色相调整为"+12"，将饱和度调整为"+51"，将明度调整为"-9"。

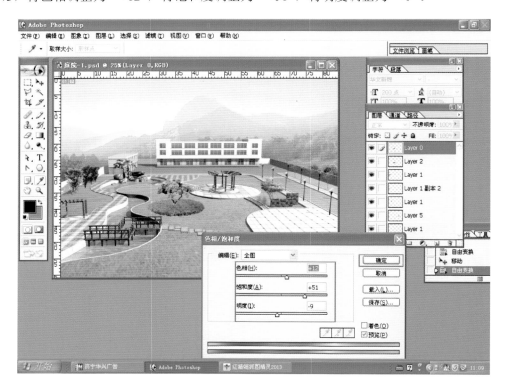

（4）打开"B-B-027"复制两个，如图所示。

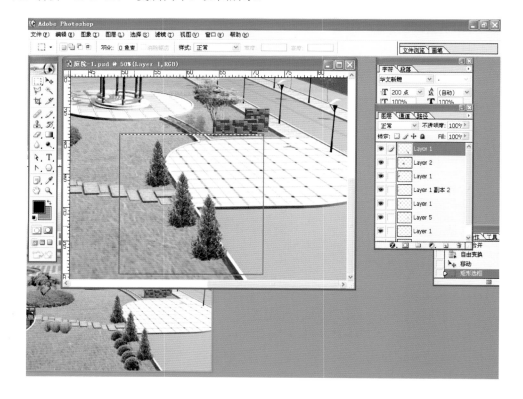

（5）打开"B-E-013"并复制多个，如图所示。

（6）打开"B-B-002""B-B-005"做好阴影，安放到如图位置。

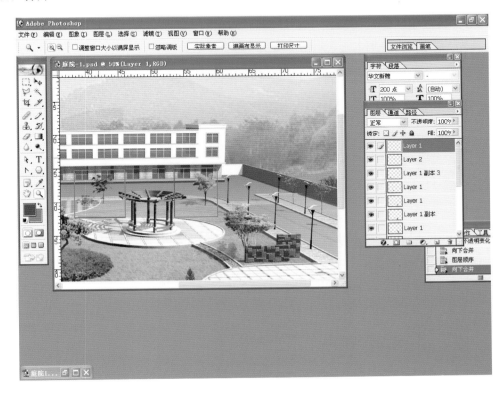

任务四　制作人物及倒影

（1）打开"09.PSD"将场景中人物图像选几个拖动于画面中。

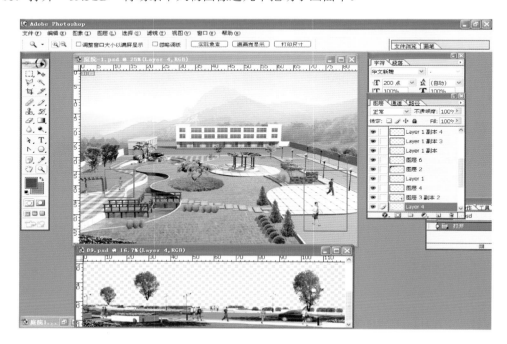

（2）将人物做出阴影，阴影角度要根据画面灯光的角度制作，并打开"HSOO.PSD"将"PP"图层复制过来，在草地上制作树荫，使草地变得丰富。

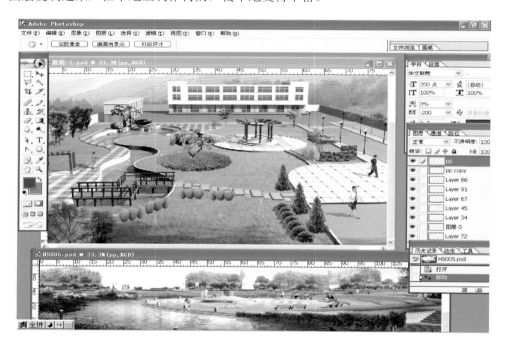

（3）现在后期制作全部完成，可存盘并合并所有图层另存一个"庭院效果图.jpg"文档，便于打印。

学生利用Photoshop软件练习基本命令，绘制彩色平面图。

实训练习六　彩色平面图的基本做法

◆ 图例说明

本图例是将CAD平面图转换到PS中进行后期处理的应用实例，其中利用了PS的魔棒工具选择区域并进行图案填充，以及树木图块与阴影的制作。

◆ 绘制步骤（附二维码视频《彩色平面图基本做法教程》）

1. 平面图从CAD向Photoshop CS2的导入

（1）在AutoCAD 2004中打开"教学楼绿化方案设计图"，点击"工具/向导/添加打印机"进行打印机准备的操作，打印机型号选择"`PostScript Level 2`"，端口点选"打印到文件"，逐步完成添加打印机。

（2）在AutoCAD 2004中对平面图进行简化处理，删除不需要的图案、植物、

打印机准备

平面方案
简化处理

文字等。并设置好打印机，打印出 EPS 文件以便在 PS 中进行后期处理。

（3）在 PS 中打开转换后的 EPS 文件，分辨率改为"300"，模式选择"RGB 颜色"

，点击"图像/旋转画布"

，调整好图像位置，点击控制面板中"新建图层"按钮

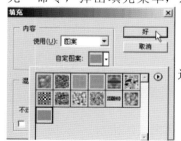

创建图层 2，将图层 2 拖动到图层 1 下方，并填充白色，效果如图 6-1 所示。

图 6-1

2. 在 Photoshop CS2 中绘制道路

（1）创建图层 3，置于当前。使用"魔棒工具"选择道路区域，点击"编辑/填充"命令，弹出填充菜单，选择合适的图案

进行道路填充，

效果如图 6-2 所示。

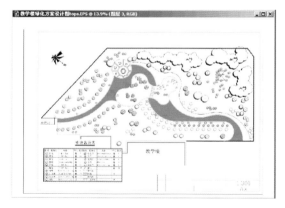

图 6-2

（2）在 PS 中打开草地 JPG 文件，点击右键，选择"全选"，选中草地图片，点击"编辑/定义图案"，弹出菜单

，输入图案名称。

如同步骤（1），创建图层 4，置于当前。填充草地图案，效果如图 6-3 所示。

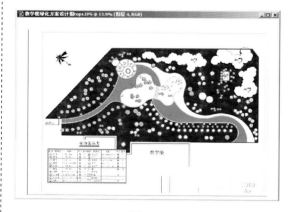

图 6-3

3. 在 Photoshop CS2 中绘制道路路牙

（1）创建图层 5，置于当前。使用"缩放工具"局部放大路牙区域，再使用"魔棒工具"选择路牙区域，如图 6-4 所示。

（2）点击"编辑/填充"，为路牙填上图案，再点击"编辑/描边"，弹出描边菜单，将宽度设置为"5"，颜色选择灰色

定义图案的方法　填充草坪等注意新建图层　树木图块与阴影的制作

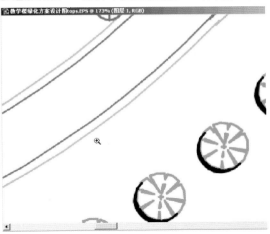

放大路牙区域

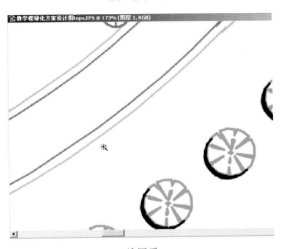

选区后

图6-4

，单击确定，即可对路

牙进行了描边操作。

（3）点击"图层/图层样式/投影"命令

，弹出图层样式菜

单，修改投影角度与距离，增加路牙的投影
效果。

效果如图6-5所示。

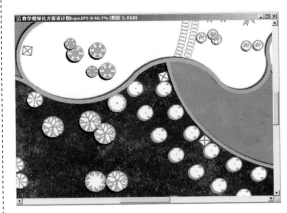

图6-5

◆技巧点拨

使用"描边"命令，对图像的选择区域进
行描边操作，可以得到沿选择区域的轮廓线。

4.在Photoshop CS2中制作树木图块

在PS中打开树木照片的JPG文件，使
用"椭圆选框工具"，选定合适区
域部分，单击右键，选择"羽化"命令

，弹出菜单设置羽化半径

为"5"，使用"移动工

具"，将所选树木区域部分拖到设计图
中，点击"图层/更改图层内容/色相/饱和度"
选项，弹出菜单，调整色相、饱和度及明度

，拖放至树木种

植位置，并调整合适大小。

5.在Photoshop CS2中制作树木图块的阴影

在PS中打开上一步制作好的树木图块，单击"移动工具" 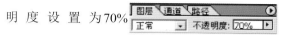，按住【Alt】键同时拖动图块进行复制，自动创建出新的图层（图层6副本），将图层6副本拖动到图层6下方作为阴影图层，

点击"图像/调整/亮度/对比度"命令

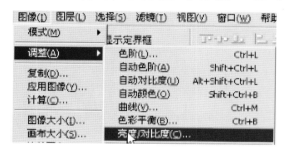

弹出"亮度/对比度"菜单，设置如右图

，将不透明度设置为70%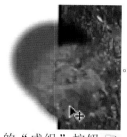

并将阴影移动到合适的位置，效果如右图。然后单击图层调板中的"成组"按钮 ▭ ，创建出新组，将其名称修改为"樱花"，并将图层6与图层6副本移至组中，则图块与其阴影成为一体。依照设计图将植物图块及其阴影复制移动到适当的种植位置。最终效果如图6-6所示。

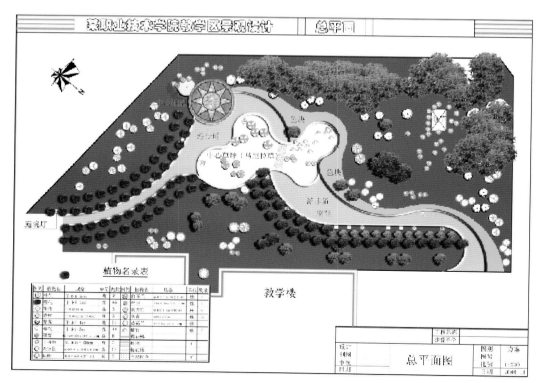

图6-6

换天地与草坪

实训练习七　透视图的后期处理

◆ 图例说明

本图例通过应用选择命令、删除命令等PS的基本功能，对一副3DX渲染后的场景进行了抠除天空、草地，并置换天空、草坪等配景。

◆ 设计思路

在3DS MAX中渲染时一般并不设置背景，场景中没有物体的空白区域呈黑色，在渲染为TGA、TIF格式时以Alpha通道保存，可在PS中将其镂空（抠除）。并置换入新的配景。

◆ 操作步骤（附二维码视频《透视图后期处理》）

1.抠除天地的做法

（1）启动Photoshop CS2，点击"打开/文件"命令或者点按【Ctrl+O】组合键，打开"透视.tif"文件，如图6-7所示。

图6-7

（2）鼠标置于图层面板"背景"图层处，点击右键，单击"复制图层"，弹出菜单，点击"好"，创建出"背景副本"，并点击"背景"图层左侧的👁图标，该图层关闭，

（3）将"背景副本"图层置于当前。单击"魔棒工具"按钮，在场景中点击绿色草地区域，然后在"工具属性栏"中取消"连续性"，并将"容差"设置为"10"，则选区为场景中所有的绿色草地部分，点击"编辑/清除"命令或者按【Delete】键，清除掉场景中的绿色草地，点击"选择/取消选择"命令或者点按【Ctrl+D】组合键，取消区域选择。如图6-8所示。

图6-8

（4）在图层控制面板中，点击"通道"按钮，按住【Ctrl】键点击Alpha 1，场景中建筑及透明区域均载入选区，点击"选择/反选"，再点击"编辑/清除"命令或者按【Delete】键，清除掉场景中的天空，点击"选择/取消选择"命令或者点按【Ctrl+D】组合键，取消区域选择。如图6-9所示。

图6-9

2.置入天空与草坪的做法

（1）在PS中，点击"文件/打开"命令或者点按【Ctrl+O】组合键，打开"草坪"素材文件，点击"移动工具" ，将"草坪"拖动到透视图窗口中，自动创建出新图层"Layer1"。

（2）点击"编辑/自由变换"命令或者按【Ctrl+T】组合键，调出变换控制框，按住【Shift+Alt】组合键的同时，将鼠标指针放置于右上角的控制柄上单击并拖拽至合适位置，等比例缩放图像，最后按【Enter】键确认变换操作，效果如图6-10所示。

图6-10

（3）单击"仿制图章工具"命令 或者按【S】键，在窗口单击鼠标右键，弹出菜单，

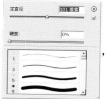

调整主直径为"101"像素

鼠标移至草坪窗口，按住【ALT】键在草坪合适位置点击鼠标左键，取样。然后在Layer1图层没有草坪的部位进行仔细涂抹，即可把刚才取样的部分复制到此处。效果如图6-11所示。

图6-11

◆技巧点拨

用仿制图章工具，可以很容易将图片的某个部分进行复制。涂抹的时候要小心仔细，尽量放大图片再操作。

（4）在图层控制面板，将"Layer1"图层移至"背景副本"图层下方。效果如图6-12所示。

图6-12

（5）在PS中，点击"文件/打开"命令或者点按【Ctrl+O】组合键，打开"天空"素材文件，如同步骤（1），将"天空"图片拖拽移至视图窗口，再点击"编辑/自由变换"命令，调整"天空"图片的大小，并移至合适的位置。效果如图6-13所示。

（6）点击"裁切工具"命令 或按【C】键，在图像中选定需要的区域，双击鼠标左键，最终效果如图6-14所示。

改变阴影内绿地亮度

图6-13

图6-14

实训练习八　鸟瞰图的后期处理

◆操作步骤（附二维码视频《鸟瞰图后期处理》）

1.抠除鸟瞰图中绿地部分

（1）启动Photoshop CS2，点击"打开/文件"命令或者点按【Ctrl+O】组合键，打开"鸟瞰.tif"文件，如图6-15所示。

图6-15

（2）鼠标置于图层面板"背景"图层处，点击右键，单击"复制图层"，弹出菜单

，点击"好"，创建出"背景副本"，并点击"背景"图层左侧的 👁 图标，

该图层关闭

（3）将"背景副本"图层置于当前。单击

"魔棒工具"按钮 ，在场景中点击一块绿色草地区域，单击鼠标右键，弹出菜单，点击

"选取相似"　　　　　，则场景中所有

的绿色草地部分都被选中，点击"编辑/清除"命令或者按【Delete】键，清除掉场景中的绿色草地，如图6-16所示。

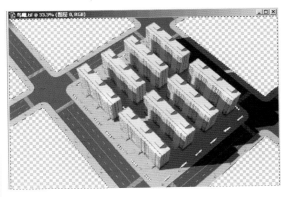

图6-16

（4）点击图层控制面板中的"通道"按钮，再点击"将选区存储为通道"按钮

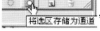

，创建出新通道"Alpha2"

，再点击"选择/取消选择"命

令或者点按【Ctrl+D】组合键，取消区域选择。

2.在鸟瞰图中填充绿地

在PS中打开带有草地等配景的素材文件，拖动至鸟瞰图视口中，调整好位置，效果如图6-17所示。

图6-17

3.在鸟瞰图中填充花坛

在鸟瞰图中一块绿地上点击鼠标右键，弹出右键菜单，点击 Layer 1 ，即可知该绿地所在图层。在此图层中使用"多边形套索工具"进行选区，然后按住【Alt】键，同时按住鼠标左键拖动所选绿地，复制到各个花坛中。效果如图6-18所示。

图6-18

4.在鸟瞰图中改变阴影内绿地的亮度

（1）从3D渲染出的鸟瞰图的楼群带有阴影，在阴影下的绿地亮度稍高，效果不佳，需要降低阴影内绿地的亮度。在"Layer1"图层中，使用"多边形套索工具" 选出阴影部分的区域，如图6-19所示。

图6-19

（2）点击"图像/调整/曲线"命令或者按【Ctrl+M】组合键，弹出"曲线"菜单，调整

后 单击确定，效果如图6-20所示。

图6-20

附 录　常用园林制图设计软件的常用快捷键

附录一　AutoCAD常用快捷键

序号	图标	命令	快捷键	命令说明	序号	图标	命令	快捷键	命令说明
1		LINE	L	画线	14		HATCH	H	填充实体
2		XLINE	XL	参照线	15		REGION	REG	面域
3		MLINE	ML	双线	16		MTEXT	MT,-T	多行文本
4		PLINE	PL	多义线	17		ERASE	E	删除实体
5		POLYGON	POL	多边形	18		COPY	CO,CP	复制实体
6		RECTANG	REC	绘制矩形	19		MIRROR	MI	镜像实体
7		ARC	A	画弧	20		OFFSET	O	偏移实体
8		CIRCLE	C	画圆	21		ARRAY	A	图形阵列
9		SPLINE	SPL	曲线	22		MOVE	M	移动实体
10		ELLIPSE	EL	椭圆	23		ROTATE	RO	旋转实体
11		INSERT	I	插入图块	24		SCALE	SC	比例缩放
12		BLOCK	B	定义图块	25		STRECTCH	S	拉伸实体
13		POINT	PO	画点	26		LENGTHEN	LEN	拉长线段

序号	图标	命令	快捷键	命令说明	序号	图标	命令	快捷键	命令说明
27		TRIM	TR	修剪	45		DIMANGULAR	DAN	角度标注
28		EXTEND	EX	延伸实体	46		TOLERANCE	TOL	公差
29		BREACK	BR	打断线段	47		DIMCENTER	DCE	圆心标注
30		CHAMFER	CHA	倒直角	48		QLEADER	LE	引线标注
31		FILLET	F	倒圆	49		QDIM		快速标注
32		EXPLODE	EX,XP	分解炸开	50		DIMTEDIT		
33		LIMITS		图形界限	51		DIMEDIT		
34		帮助主题	[F1]	[F8]正交	52		DIMTEDIT		标注编辑
35		对象捕捉	[F3]	[F10]极轴	53		DIMSTYLE		
36		WBLOCK	W	创建外部图块	54		DIMSTYLE	D	标注设置
37		COPYCLIP	^+C	跨文件复制	55		HATCHEDIT	HE	编辑填充
38		PASTECLIP	^+V	跨文件粘贴	56		PEDIT	PE	编辑多义线
39		DIMLINEAR	DLI	两点标注	57		SPLINEDIT	SPE	编辑曲线
40		DIMCONTINUE	DCO	连续标注	58		MLEDIT	MLE	编辑双线
41		DIMBASELINE	DBA	基线标注	59		ATTEDIT	ATE	编辑参照
42		DIMALIGNED	DAL	斜点标注	60		DDEDIT	ED	编辑文字
43		DIMRADIUS	DRA	半径标注	61		LAYER	LA	图层管理
44		DIMDIAMETER	DDI	直径标注	62		MATCHPROP	MA	属性复制

续表

序号	图标	命令	快捷键	命令说明	序号	图标	命令	快捷键	命令说明
63		PROPERTIES	CH,MO	属性编辑	70		ZOOM+W	Z+W	窗口缩放
64		NEW	^+N	新建文件	71		ZOOM+P	Z+P	恢复视窗
65		OPEN	^+O	打开文件	72		DIST	DI	计算距离
66		SAVE	^+S	保存文件	73		PRINT/PLOT	^+P	打印预览
67		UNDO	U	回退一步	74		LIMITS		图形界限
68		PAN	P	实时平移	75		MEASURE	ME	定数等分
69		ZOOM+[]	Z+[]	实时缩放	76		DIVIDE	DIV	定距等分

附录二　3DS MAX常用快捷键

视图：

P——透视图（Perspective）
F——前视图（Front）
T——顶视图（Top）
L——左视图（Left）
C——摄像机视图（Camera）
U——用户视图（User）
B——底视图（Back）
{}——视图的缩放

视图控制区：

Alt+Z——缩放视图工具
Z——最大化显示全部视图，或所选物体
Ctrl+W——区域缩放
Ctrl+P——抓手工具，移动视图
Ctrl+R——视图旋转
Alt+W——单屏显示当前视图

工具栏：

Q——选择工具

W——移动工具
E——旋转工具
R——缩放工具
A——角度捕捉
S——顶点的捕捉
H——打开选择列表，按名称选择物体
M——材质编辑器

坐标：

X——显示\隐藏坐标
"－+"——缩小或扩大坐标

其他：

8——"环境与特效"对话框
9——"光能传递"对话框
G——隐藏或显示网格
O——物体移动时，以线框的形式
F3——"线框"\"光滑＋高光"两种显示
　　　方式的转换
F4——显示边

空格键——选择锁定

Shift+Z——撤销视图操作

Shift+C——隐藏摄像机

Shift+L——隐藏灯光

Shift+G——隐藏几何体

Shift+Q——快速渲染

Ctrl+I——反选

Ctrl+O——打开文件

Ctrl+A——全选

Ctrl+Z——撤销场景操作

Ctrl+L——使用默认灯光

Alt+6——显示主工具栏

Alt+Q——进入单独选择模式

Alt+A——对齐

附录三　Photoshop 常用快捷键

Tab 键	显示/隐藏工具箱和浮动面板	Alt+Shift+Ctrl+S	保存为 web 格式
Caps Lock 键	大小写切换	Shift+Ctrl+P	页面设置
空格	按住空格键，光标变为手形光标	Alt+Ctrl+P	打印选项
F1	Help，帮助	Ctrl+P	打印
F2	Cut，剪切选区图像到剪贴板	Alt+Shift+Ctrl+P	打印一份
F3	Copy，复制选区图像到剪贴板	Ctrl+Q	退出
F4	Paste，从剪贴板复制到当前窗口	Ctrl+Z	后悔
F5	Brushes，显示或隐藏笔刷面板	Shift+Ctrl+Z	向前
F6	Color，显示或隐藏颜色/色板/样式面板	Alt+Ctrl+Z	返回
F7	Layers，显示或隐藏图层/通道/路径面板	M	Rectangular marquee tool，选框工具
F8	Info，显示或隐藏导航器/信息/柱状图面板	V	Move，移动工具
F9	Actions，显示或隐藏历史/动作面板	L	Lasso tool，套索工具
F12	Revert，将文件恢复到最后一次保存过的状态	W	Magic Wand，魔术棒工具
Ctrl+F4	Close，关闭当前窗口图像	C	Cropping tool，剪切工具
Ctrl+N	创建新文件	K	Slice tool，切片工具
Ctrl+O	打开文件	J	Airbrush tool，喷枪工具
Shift+Ctrl+O	浏览	B	Paint Brush tool，画笔工具
Alt+Ctrl+O	打开为	S	Rubber Stamp，橡皮图章工具
Ctrl+W	关闭	Y	History Brush tool，历史笔工具
Ctrl+S	存储	E	Erase，橡皮擦工具
Shift+Ctrl+S	另存为	G	Gradient tool，渐变工具

R	Blur/Sharpen/Smudge tool，柔化/锐化/手指涂抹工具	D	Delete，恢复前景/背景颜色工具
O	Dodge/Burn/Sponge tool，减淡/加深/海绵工具	X	Switch，前景色与背景色切换
A	Path Component Selection tool，路径选择工具	Q	Quick Mask，快速蒙版模式与正常模式切换
T	Type tool，文本工具	F Ctrl+ "+"	Screen Mode，屏幕显示模式切换 Zoom In，当前窗口图像放大一级，窗口大小不变
P	Pen tool，钢笔尖工具	Ctrl+ "－"	Zoom Out，当前窗口图像缩小一级，窗口大小不变
U	Rectangular tool，矩形工具等形状工具	Ctrl+Alt+ "+"	当前窗口图像和图像窗口同时放大一级
N	Notes tool，注释工具	Ctrl+Alt+ "－"	当前窗口图像和图像窗口同时缩小一级
I	Eyedropper tool，吸管工具	双击缩放工具	图像按1：1显示
H	Hand tool，手形工具	双击手形工具	图像按最适合比例显示
Z	Zoom tool，缩放工具	拖动缩放工具	图像窗口放大显示

参考文献

[1] 常会宁.园林计算机辅助设计.北京：高等教育出版社，2005.

[2] 邢黎峰.园林计算机辅助设计教程.北京：机械工业出版社，2004.

[3] 陈战是，张燕，陈建业.AutoCAD+Photoshop园林设计实例.北京：中国建筑工业出版社，2004.

[4] 李吉祥，黄仕君，何世勇.AutoCAD 2006应用教程.北京：北京师范大学出版社，2005.

[5] 汤柳明.AutoCAD 2007应用教程.武汉：华中师范大学出版社，2007.

[6] 魏贻铮.庭园设计典例.北京：中国林业出版社，2007.

[7] 鲁英灿，康玉芬.15天从入门到实战.北京：清华大学出版社，2006.

[8] 飞思科技产品研发中心.AutoCAD 2002中文版灵感设计.北京：电子工业出版社，2002.